現代理工学大系

工学解析ノート

関東学院大学名誉教授　工博　**横溝利男**

元関東学院大学講師　博(工)　**森田信義** 共著

神奈川県立産業技術短期大学校講師　博(工)　**太田元一**

日 新 出 版

ま　え　が　き

　本書は機械工学を専攻する学生や，企業において機械工学の知識が必要になった既職者，あるいは企業内教育で機械工学を学ぶ技術者に，機械，器具，道具の持つ特性を力学面からの理解に役立つことを念頭に「 機械の物理学 」，特に「 Engineering Analysis 」を主眼として新旧の諸著書を参考にしながらまとめたものである．1970 年代において多様性のある多くの学生が工学部を志望した．その学生に対し，専門科目の履修前に「 工学基礎科目 」の必要性が提起された．それが「 Engineering Analysis 」であり，これは工学部全体に通ずる基礎的でかつ入門的な教科で，その折に「 創造工学 」とか「 工学解析 」といった科目が設けられた．

　機械工学は，機械力学，材料力学，熱力学さらに流体力学の 4 科目を基礎とし，その周辺に機構学，金属材料学，材料加工および設計，製造に必要な技術及び技能，また最近では，計算工学，制御工学など広い範囲の学問から構成されてきている．もちろんその基礎は，数学，物理学，化学などを基盤にしていることは論を待たない．

　工業製品の多くは，諸学問の研究から得られた知見，または経験の累積による技術によって製造されている．また，生産技術の向上あるいは素材の開発，加工法や品質の高級化などにも，機械工学で得られた技術や英知が幅広く活用されている．

　他方，それらの学問から成り立ついわゆる機械や工具は，その扱い方や安全性が問題となる場合が多い．すなわち弁の操作を誤ったり，機械の特性に不慣れであったり，扱いが粗雑であったり，保守，点検がおろそかにされたりと，機器の操作や手順，有効な使用範囲，使用の限界など，それぞれが固有の特性を持っていることに目を向けることが少なくなっている．

　本書の構成は，斜面の機能，貨物輸送，突起の特質，斜めの力など機器の力学的特性

工学解析ノート

解析，続いてロープの幾何学的な伸縮による速度・加速度の変化，塑性加工と摩擦力，遠心力の分布，さらに円盤の回転とオイラーの運動方程式，回転機械の起動特性，単振動と衝撃，落下と振動，熱のBessel方程式，流れの複素解析を取り上げ，最後に工具の力学的解析など，9章22項目から成っている．"力は分解，合成され，保存され，部材を通して伝達する"が，その代表が「斜面」で，力の分解，合成と云う基本原理や摩擦，速度などにより力学的に変化する特性を持っている．また，本書で取り上げた機械や器具・工具については，それらが持っている特質を「出力／入力の比」である無次元の形式に変換し，その特性をグラフで示しそれを特性曲線と名付けた．これは機械，器具，工具の全体的な特性の理解を深めるために有効であり，それ故に特性曲線を多用し，結果の評価，そして補足として「考察」を加えた．

　世の中には多くの書籍があるが，一方通行や，講義を聴かなくては分からない省略や飛躍も多く，その間を詳細に辿ったり理解するには多くの時間がかかり，場合によってはとばしたり中途半端で妥協したりして，過程を理解しないまま結果に行ってしまうことが多い．特に，自習，独学では，一方向であって問答することができず，問題が解けたとしてもそれ以上のことは得られない．結果にいかに近づくか，そのためにはどんな方法があるのか，そのために本書では，はじめにこの装置はこんな特性があるということを示し，その特性を引き出すためにどのような原理・法則を使うかを，代表的な装置や器具や工具を取り上げて解析した．その際，独りよがりにならないために古今の参考書の事例なども含めてその考察の方法を示してみた．各章末ならびに巻末に記載した参考書から問題の設定や考え方について参考にさせて頂いたことを記しておく．

　機械と言われるものを理解するためには，力，時間，微分，積分，三角関数，級数などの知識が必要で，さらには係数だけで機械の特性を示すことがあるなど特別な方法を修得する必要がある．読者諸氏に，これらを理解し自分のものとして身に付けて頂くために，多くの書籍を参照してその中で試みられている問題をとりあげて道具や機械の特性を引き出すための力学的解析を試みた．その際，特に飛躍することなくそのプロセスを提示した．また解析は，一つの解だけでなく，その前後を考慮した変化の中で動

まえがき

的というか準動的な考察によって与えられた装置，与えられた課題の特性を把握し，機械全体の特性を理解するようにした．

　総じて機械およびその製品は，素材から多くの工程をとおして完成し世の中に供給されている．しかし，その多くは，永い経験と経験によって蓄積されたノウハウによって物作りが行われているが，本書をとおして，その工程で行われている加工や動きの過程で働く力の力学的構造を頭の中で構成でき，理論的に全体特性を把握する面白さと喜びを感じて頂けたら望外の喜びである．

　本書の刊行に当たり，日新出版の小川浩志氏から深い理解と熱い励ましを頂いたことに厚くお礼を申し上げる．

　　　平成 30 年 8 月 31 日

　　　　　　　　　　　　　　　　　　　　　　　　　　横 溝 利 男

目　　　次

ま　え　が　き

第1章　簡単な装置および機構の特性解析 ― ベクトルの合成、分解 ―

1・1　斜面を利用した装置・・・・・・・・・・・・・・・・・・・・・・・・・1

1・2　ベルト・コンベアによる箱型梱包物の連結輸送・・・・・・・・・・・・9

1・3　急速バイスの特性解析・・・・・・・・・・・・・・・・・・・・・18

1・4　突起のある部材の特性解析・・・・・・・・・・・・・・・・・・・24

1・5　L型金具の固定点における合力とモーメント・・・・・・・・・・・・33

1・6　逆L字部材の根元支持力および地中支柱の分布力と長さ・・・・・・・・39

第2章　ロープを使った運動の解析 ― 幾何学的変化と速度、加速度 ―

2・1　水平ロープの中央を垂直に牽引する荷物引き上げ解析・・・・・・・・49

2・2　牽引車による荷物引き上げ速度と加速度の変化・・・・・・・・・・・54

第3章　塑性加工の基礎的特性解析 ― 摩擦と内部応力 ―

3・1　圧延ローラーの素材引き込み限界厚さ・・・・・・・・・・・・・・61

3・2　引き抜きダイス内の応力分布・・・・・・・・・・・・・・・・・・65

第4章　回転軸に取り付けられたロッドの特性 ― 遠心力と分布 ―

4・1　垂直回転軸にロッドを斜め上向きにワイヤーで固定したときの特性・・・75

4・2　垂直回転軸に吊るされたロッドの固定点周りのモーメント解析・・・・・83

工学解析ノート

第5章　回転する傾斜円盤のモーメント解析 — 非対称物体の運動 —

5・1　水平回転軸に斜めに取り付けられた円盤の幾何学的解析・・・・・・・97

5・2　Euler の運動方程式による傾斜回転円盤のモーメント解析・・・・・・105

第6章　回転する機械の特性解析 — 機械の運動特性 —

6・1　回転式ローラー破砕機と石臼の特性解析・・・・・・・・・・・・・111

6・2　遠心クラッチの起動特性・・・・・・・・・・・・・・・・・・・・117

第7章　振動の伝達と衝撃振動 — 過度現象および衝撃 —

7・1　単振動系に山形状衝撃を与えた場合の過度現象の解析・・・・・・・・131

7・2　落下物による衝撃とその受け手の振動・・・・・・・・・・・・・・・137

第8章　熱の放散と流れの解析 — 熱伝導および突起物まわりの流れ —

8・1　ベッセル方程式による三角フィンにおける熱放散の基礎的解析・・・・145

8・2　水平平板に置かれた円柱周りの複素関数による流れの解析・・・・・・155

第9章　工具および部材構成物に働く力の解析 — 工具、ばね部材の特性 —

9・1　工具に働く力・・・・・・・・・・・・・・・・・・・・・・・・・165

9・2　ばねを持った部材構成物の静力学的解析・・・・・・・・・・・・・・173

付記

付記1　10・1　Euler の運動方程式の誘導・・・・・・・・・・・・・・・183

付記2　10・2　変形 Bessel 関数とその導関数・・・・・・・・・・・・・191

付記3　10・3　三角状パルス（衝撃）による基盤変位の時間的変化の式・・・194

参考文献および参考書一覧・・・・・・・・・・・・・・・・・・・・・・・197

索引・・・・・・・・・・・・・・・・・・・・・・・・・・・・・・・・・199

第1章　簡単な装置および機構の特性解析
－ ベクトルの合成，分解 －

1・1　斜面を利用した装置
　　［ 力の分解と摩擦力の効果および斜面角度に対する特性とその評価 ］

1・1・1　摩擦のない斜面の特性解析
　図1・1 (a) のような **斜面装置の力学的特性** を考えてみる．荷物の荷重 W は斜面の底辺に対して直角な矢印（ベクトル）で示されている．この荷物を斜面に沿って引揚げる力は，斜面の勾配 θ を小さくすれば荷重 W より小さい力ですむことが経験的に知られている．この経験則を定義したものが " **力の平行四辺形** " である．すなわち，荷重 W を斜面に沿う方向とそれに直角な方向，この場合は斜面を直角に押す力の二方向に分けることである．これを " **力の分解** " と云う．分解された二つの力と荷重とで構成されている図形をみると確かに平行四辺形となっている．このことから，荷重 W を

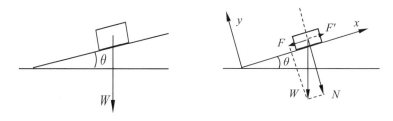

　　　　(a) 荷物の荷重　　　　　　　(b) 力の分解
　　　　　　図1・1　斜面と荷重（力の分解）

2

第 1 章　簡単な装置および機構の特性解析

斜面に沿って引揚げる力は，図 1・1(b) のように荷重 W を分解することで求められる．一般に分解する方向を考慮して座標軸を定める．斜面においては，斜面に沿って x 軸，それに直角方向を y 軸としている．荷重 W は x-y 座標軸に対して斜めであることが分かる．このように，目的の力を求めるためには " **力の分解** " が重要な手段であると考えられる．この物体を摩擦のない斜面上で静止させるためには，任意方向の力 P または Q を作用させてもよい．ところが，荷物の荷重 W は斜面に沿って滑り落ちる力の成分を持つから，その力に見合う力を反対方向に加えることで滑らずに静止できる．

　力学において，力は平行四辺形の法則に従って " **合成・分解** " ができるから　（力の結合法則は実験・観察から経験的に得られたものである　— 力の平行四辺形の法則 — 菅野礼司：力とはなにか，　サイエンスブックス（1995）丸善出版），それにしたがって，W を x 軸，y 軸方向に分解すると，図 1・1(b) のように W は F と N に分けられる．斜面上の W を斜面に止めておくには，F と同等な力を反対に働かせればよい．すなわち，

$$(-F)+F'=0 \qquad\qquad\qquad (1\cdot1)$$

となり，斜面に沿う上下の力は打ち消し合い，物体 W は力学的に釣合い，静止する．ところで，F および N なる値は，力の平行四辺形則を満たすから，それぞれ

$$F-W\cdot\sin\theta = 0$$
$$N-W\cdot\cos\theta = 0 \qquad\qquad\qquad (1\cdot2)$$

で求まる．この式は，斜面の角度 θ が任意であっても成り立つことは勿論で，また任意の荷重 W についても成立する．ところで斜面に垂直な力 N は，後述するように滑り落ちるのを防ぐ力に寄与する．それとともにもう一つの働きを持っている．それは，斜面が板厚 t でできているとき，板の厚さを定めるための力になると言うことである．

　斜面装置をこのように考えると，いかなる荷重 W，いかなる斜面の角度 θ が良いかを判定する必要がある．それには，具体的な数値を用いることなく，未知なる力 F, N の斜面の角度 θ に対する特性を知ることができればよい．いま 式 (1・2) の F, N は荷重 W と角度 θ の関数であるから，

1・1 斜面を利用した装置

$$F = f(W, \theta)$$
$$N = g(W, \theta) \qquad (1・3)$$

となり，斜面の角度 θ に対する F, N の特性は，式 (1・3) の両辺を W で割ると，角度 θ のみの 式 (1・4) が得られる．

$$F/W = \sin\theta$$
$$N/W = \cos\theta \qquad (1・4)$$

これを " **無次元の斜面特性式** " と呼ぶことにする．

式 (1・3) と 式 (1・4) の違いをグラフで示すと図1・2(a) と (b) になる．いずれも，斜面の角度 θ に対する斜面に平行な方向の力 F と斜面を押す力 N の変化である．

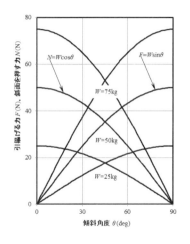 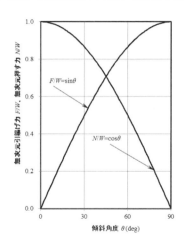

(a) 特定な荷重 W に対する特性曲線   (b) 斜面装置の無次元特性曲線

図1・2 斜面装置の特性

図1・2(a) は特定の荷重 W に対する F, N の変化を 式 (1・3) によって計算した値によって描いたものである．この場合は，搭載される荷重 W が変わると斜面の角度に対する F, N の値も当然変化するためその都度特性曲線を描き，斜面に加わる力 N を評価しなければならない．

第1章　簡単な装置および機構の特性解析

　図1・2(b) は 式 (1・4) に基づいて描いた **無次元特性曲線** である．式 (1・4) は右辺の変数が角度 θ のみであるから，F，N の値は荷重 W に関係なくその比 F/W，N/W としてそれぞれ一本の代表された曲線によって，斜面の角度に対する装置の特性を示すことができる．

　例題1．図1・2(b) の無次元特性曲線より，$W=2.5$ kg，$\theta=25°$ における引き上げる力 F および斜面を押す力 N の概略値を求めよ．

- 考察
  ① 荷重による二つの分力は，荷重と傾斜角の関数である．したがって図1・2(a) には特定な荷重に対する特性曲線が描かれている．したがって，荷重ごとに特性曲線を描かなければならない．
  ② 図1・2(b) は，二つの分力を荷重 W で無次元化した特性曲線であり，斜面装置における引揚げる力 F と斜面を押す力 N の斜面角に対する変化の様子を容易に把握することができる．

1・1・2　摩擦のある斜面の特性解析

　これまでは，物体と斜面の床板との間には摩擦がないものとした．それは装置の

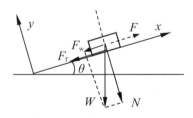

図1・3　摩擦の働く斜面の力（ベクトル）の表示

1・1　斜面を利用した装置

基本的な特性を知るには，摩擦のない床板としたほうが理解し易いからである．したがって，図1・2や 式 (1・4) には摩擦力が考慮されていない．この節では，斜面装置における摩擦力 F_f が，図1・2(a),(b) の特性曲線にどのような影響を与えるかを考察し，機械における摩擦の扱い方について考える．図 1・3 が解析の対象となる **摩擦のある斜面装置** である．力の四辺形則にしたがって，荷重 W を斜面の方向と垂直方向に分解し，それぞれを F_W と N とした．また摩擦力 F_f は，物体を斜面に沿って上昇させることを前提としたため，それに抗する力として働くこととして下向きとした．なお，斜面と水平面とのなす角を θ とした．ここで，F_W と N は摩擦の有無に係わりなく 式 (1・3) と同じように

$$F_W = W \cdot \sin\theta$$

$$N = W \cdot \cos\theta$$

である．

　摩擦力 は，接触面に働く垂直力 N（法線方向の力とも言う）と物体と斜面の材質で定まる単位のない **摩擦係数** μ との積で与えられる．したがって **摩擦力** は，接触面積に無関係に定まり，

$$F_f = \mu \cdot N$$

$$\therefore \quad F_f = \mu \cdot W \cdot \cos\theta \tag{1・5}$$

となる．荷重 W の荷物を斜面に沿って引き上げる力 F は，

$$F = F_W + F_f$$

$$= W \cdot \sin\theta \; + \; \mu \cdot W \cdot \cos\theta \tag{1・6}$$

となる．これを 式 (1・4) のように両辺を W で割ると，

$$F/W = \sin\theta + \mu \cdot \cos\theta \tag{1・7}$$

となる．ここで，注意すべきことは，斜面の床板を押す力 N は荷重の垂直成分であるから摩擦の有無に関係がないので，その無次元式は，

$$N/W = \cos\theta \tag{1・8}$$

である．したがって，式 (1・7) と 式 (1・8) を含めて「 **摩擦のある斜面装置の無次**

元特性式」となる．

図1・4は式(1・7),式(1・8)を用いて描いた「摩擦のある斜面装置」の特性曲線である．**摩擦係数**には静摩擦係数と動摩擦係数があるが，一般に示されている係数の範囲が 0.1〜0.9 であるので，計算に用いた摩擦係数 μ の値はその範囲の値を採用した．

前述のように斜面を押す力 N (**法線方向の力**) は，摩擦に関係なく発生するから角度に対するその曲線は $\cos\theta$ で求められ一本の線で示される．しかし荷物を引き上げる力 F は，F_w のほかに摩擦力 F_f に打ち勝たねばならない．この摩擦力 F_f は相互の材質によって異なることは先述したが，図に示した曲線は摩擦のない $\mu = 0$ から 0.9 までの計算結果である．

ここで気付くことは，その曲線それぞれに最大値があることであり，またその最大値は無次元引き上げ力 $(F/W)=1$ より大きくなることである．また，摩擦のない斜面

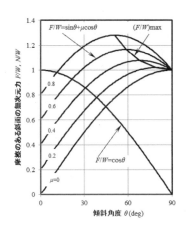

図1・4　摩擦のある斜面の無次元特性曲線

では，斜面の角度 $\theta=45°$ において $F/W=N/W$ でありその値は 0.707 であるが，摩擦があり摩擦係数の値が $\mu=0.5$ である場合は斜面の角度が $\theta=28°$ となり，斜面を押す力

と引き上げる力を示す N/W と F/W は無次元値で 0.889 と上昇する.

このように斜面を押す力 N の値は直接摩擦の影響を受けないが,斜面を引き上げる力に対しては **摩擦係数** の値の変化など斜面の性質によってその影響が現われてくることが分かる.

1・1・3 摩擦斜面における最大引揚げ力の特性曲線

次に,図 1・4 に示した曲線群の最大値に注目してみる.この最大値は,摩擦のある斜面装置の特徴であることは述べたが,最小値,最大値は工学において時折り問題となる.ところで **曲線の最大値** は,任意に選んだ曲線上の点に接線を引いたとき,その接線の勾配が水平軸と一致した横軸の値とその点の縦軸の値で定まる.すなわち,水平軸に対して勾配がゼロであることを意味している.これは数学の定義では,微分値がゼロであることを意味している.

最大値を有する曲線は 式 (1・7) で示されている.したがって,式 (1・7) に上の原理を適用するために横軸の値 θ に対する曲線の勾配を求めればよいが,それには 式 (1・7) を θ で微分すればよい.したがって,

$$\frac{d}{d\theta}\left(\frac{F}{W}\right) = \frac{d}{d\theta}(\sin\theta + \mu \cdot \cos\theta)$$

$$\therefore \quad \frac{d}{d\theta}\left(\frac{F}{W}\right) = \cos\theta - \mu \cdot \sin\theta \tag{1・9}$$

この 式 (1・9) の左辺をゼロとすると勾配がゼロとなるので摩擦係数 μ の板材を採用したときの斜面を引き上げる力 F が最大となる斜面の傾斜角 θ が得られる.その角度を θ_{max} とすると,

$$\cos\theta_{max} - \mu \cdot \sin\theta_{max} = 0$$

$$\tan\theta_{max} = \frac{\sin\theta_{max}}{\cos\theta_{max}} = \frac{1}{\mu}$$

8

第 1 章　簡単な装置および機構の特性解析

$$\therefore \quad \theta_{\max} = \tan^{-1}\left(\frac{1}{\mu}\right) \tag{1・10}$$

となる．すなわち，斜面を引き上げる力 F が最大となる斜面の傾斜角度 $\theta_{\max}$ は，摩擦係数 μ の逆数の **逆正接値** である．μ=0.15 であれば $\theta_{\max}$ = $\tan^{-1}(1/0.15)$ で，$\theta_{\max}$= 81.46° となる．このときの，最大引き上げ力 F/W は，式 (1・7) の θ のかわりに 式 (1・10) で得た $\theta_{\max}$ を用いればよい．したがって，

$$\begin{aligned}\left(\frac{F}{W}\right)_{\max} &= \sin\theta_{\max} + \mu\cdot\cos\theta_{\max} \\ &= \sin\left\{\tan^{-1}\left(\frac{1}{\mu}\right)\right\} + \mu\cdot\cos\left\{\tan^{-1}\left(\frac{1}{\mu}\right)\right\}\end{aligned} \tag{1・11}$$

となる．図1・4の図中右上の単一曲線は，式 (1・11) の μ について 0 から 0.8 までの値を 0.2 の間隔で計算したものである．

　以上，「斜面装置の特性」に関し，摩擦の有無による違いや無次元特性式の表示によってその特性が引き出せることを示した．

- 考察

　① 単純な斜面装置であっても仕様を満たす特定な解を求める前に，単位のない無次元化された特性式を用いることによって装置全体の作動特性を知ることができる．したがって，仕様を満たす作動状態が他の状態に対してどのような利点があるかと言う明確な根拠を示すことができる．

　② 傾斜角に対する斜面の特性式を無次元化することの意義を示した．これは，機械や装置を特定の状態で評価することより，装置の全体の挙動を明らかにした上で，使用条件を規定するのに役立つ．

　③ 摩擦のある装置において斜面に垂直な力は，摩擦係数に関係しない．

　④ 機械または装置を最大の値でかつ効果的な状態で作動させようとする場合，得られた特性式または無次元特性式を微分することにより決定できる．その

1・2 ベルト・コンベアによる箱型梱包物の連結輸送

例として斜面のような簡単な装置の特性式を微分し，摩擦係数を補助変数として最大値の移り変わりを図 1・4 に示した．

⑤ 図 1・4 より摩擦係数が増加すると，最大引揚げ力の最大値 $(F/W)_{max}$ は左上がりに増え，斜面の傾斜角は 45° に近づくことが分かる．また，同図より斜面を押す力は，摩擦の有無に依存しないことも明確となった．

⑥ 各摩擦係数値に対して引き上げる力 F/W が 1 以上になる傾斜角度 θ は，図 1・4 の各曲線が縦軸の 1.0 線を越える角度で，この境界の傾斜角度は 式（1・7）より $\theta = \cos^{-1}(2\mu/(1+\mu^2))$ で得られる．例えば，$\mu = 0.6$ の場合は $\theta = 28.07°$ となり，傾斜角度がこれ以上になると荷重重量よりも大きな力を必要とすることになる．

1・2 ベルト・コンベアによる箱型梱包物の連結輸送

［ 力積を含む拡張された運動量の保存則とエネルギー保存則の併用 ］

1・2・1 箱型梱包物の移動

図 1・5 のように長方形梱包物が，A 点から速度 v_1 で角度 θ に傾斜している **ベルト・コンベア** に乗せられ降下し，水平なベルト・コンベアの B 点に輸送されている．梱包物は輸送の途中の O 点で一旦回転し，続いて水平なベルト・コンベア B に乗せられ搬送される．このとき梱包物は，ベルト・コンベアの継ぎ目 O 点で衝突し，その反動で梱包物を反時計回りの方向に回転し，上下が反転したのちに，水平なベルト・コンベアに移り B 点に搬送される．

第1章　簡単な装置および機構の特性解析

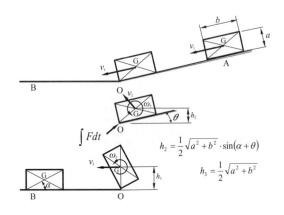

図1・5　箱型形梱包のコンベアによる輸送における運動分析 [1]

1・2・2　輸送中の箱形梱包物の衝突による姿勢変化と角運動量

　梱包物の斜め降下から衝突を含む水平搬送において，ベルト・コンベアの繋ぎ面 O 点において梱包物が衝突によって反転するためには，ベルト・コンベアの傾斜と速度が必要である．

　振り子や物体などの衝突は，衝突前後の **運動量の変化** でその後の運動を予測することができる．すなわち，運動量は衝突の前後において保存されることから，その"保存則"を用いて，静止している物体に速度を与たり，あるいは，共に運動する条件などを求めることができる．ここでは，衝突の反動を利用して，梱包物を反転させるために，適当な斜面の勾配と速度が必要である．すなわち，梱包物にいかなる速度を与えるべきか，さらに，**傾斜ベルト・コンベア** の速度をいくらにすれば O 点で回転するかが問われる．また，回転後，梱包物は **水平ベルト・コンベア** に乗せられるのであるが，その際，なめらかに中継するためにはいかなる水平速度を持たせるか．そのためには水平ベルト・コンベアの速度はいかにあるべきかなどを知る必要がある．

　ところで，箱型梱包物を反転させるには，衝突による力積と起き上がる直前の回転に

1・2　ベルト・コンベアによる箱型梱包物の連結輸送

ともなう角運動量を考慮しなければならない．また梱包物は質点の運動と異なり，形状をもっているため，その物体の回転し難さを示す慣性モーメントによる角運動量を用いる必要がある．このために，"**運動量の保存則**"は，剛体の運動と同じように回転を考慮した拡張された"**角運動量の保存則**"を用いることになる．

1・2・3　"角運動量の保存則"の適用

このように，A点でv_1の速度を与えられた梱包物は，O点で衝突し瞬間的に停止するが，A点での運動の勢いは消滅せずにその勢いはO点を支点に図のように反時計回りに回転する．この運動は式 (1・12) で表わされる．

ところで，**運動量**とは運動の数量化のことで，運動している物体が持っている単位時間当たりの仕事の量とも言えるものであり，その値は物体の質量にその物体の速度を掛けたもので定義される．他方，角運動量 L は，物体の質量分布に影響されるが，ここでは重心の速度に，重心とO点までの距離と質量に相当する慣性モーメントとの積で表わされる．すなわち，箱形梱包の質量 $m\,(=w/g)$ が速度 v_1 のベルト・コンベアで輸送されていると，その運動量は，

$$p = mv_1 \tag{1・12}$$

である．これに，O点から重心Gまでの距離（OG）をかけると"**角運動量：L**"となる．これに，衝突による瞬時の力すなわち力積を加えると回転直前の全角運動量が得られる．すなわち，

$$mv_1 \cdot \frac{1}{2}\sqrt{a^2 + b^2} + \int F dt \tag{1・13}$$

となる．ここに，aは長方形梱包物の縦の高さ，bは横の長さである．

他方，傾斜面から離れた梱包物は，O点から重心を通る線に直角な方向にv_2の速度でO点を中心に半径OGで回転する．このとき，回転のしにくさを示す**慣性モーメント**Iの梱包物は重心Gを中心にω_2の角速度でまわる．したがって，O点で衝突した後の梱包物の角運動量は，質量によるものと慣性モーメントによるものとの和になり，

第 1 章　簡単な装置および機構の特性解析

$$mv_2 \cdot \frac{1}{2}\sqrt{a^2+b^2} + \frac{1}{12}m\left(a^2+b^2\right) \cdot \omega_2 \qquad (1 \cdot 14)$$

となる. ここで, 角運動量の保存則を 式 (1・13) と 式 (1・14) に適用すると両者の角運動量は保存されるから

$$mv_1 \cdot \frac{1}{2}\sqrt{a^2+b^2} + \int F dt = mv_2 \cdot \frac{1}{2}\sqrt{a^2+b^2} + \frac{1}{12}m\left(a^2+b^2\right) \cdot \omega_2 \qquad (1 \cdot 15)$$

となる.

　ここで, 衝突による **力積** $\int F dt$ は 回転方向の成分を持たないので角運動量に影響を与えないから省略される. また速度 v_2 は, 角速度 ω_2 と, 回転半径 OG とで置き換えられる. また, **慣性モーメント** I は, 縦横の長さが異なる長方形であることから, それぞれ次のように示される.

$$v_2 = \frac{1}{2}\sqrt{a^2+b^2} \cdot \omega_2, \qquad I = \frac{m}{12}\left(a^2+b^2\right) \qquad (1 \cdot 16)$$

これらを 式 (1・15) に代入し整理すると, 傾斜ベルト・コンベアの速度 v_1 は, 角速度 ω_2 を変数とした

$$v_1 = \frac{2}{3}\sqrt{a^2+b^2} \cdot \omega_2 \qquad (1 \cdot 17)$$

となる.

　ところで, 式 (1・17) の ω_2 は, 梱包物が反転するために重心を中心として回転するための角速度である. しかし, 上の " **角運動量の保存則** " から二つの未知数は求められない. そこで, 図に示したように梱包物の重心の位置が回転とともに変化することから, 重心の高低差による位置エネルギーと, 回転による運動のエネルギーを求め, " **エネルギー保存の法則** " を適用すると既知の量から角速度が得られる. ところで " エネルギーの保存則 " とは, " 運動エネルギー＋位置エネルギー＝一定 " のことである.

1・2・4　回転による重心の変化と"エネルギーの保存則"

　位置のエネルギーは経路に関係なく高さの差で定まる. **位置のエネルギー** は，ある高さに持ち上げられた物体の重さに高さを掛けた値であるから，両者の共通な基準平面を水平コンベアとすると次のような関係式が得られる. 斜面の末端における梱包の姿勢は，次の瞬間に O 点に対して菱形状に姿勢を変える. この変化によって，梱包の重心の高さが変わる. すなわち，位置エネルギーが変化する. 梱包物は，エネルギー保存則を維持しながら振り子のように速度エネルギーが位置エネルギーに変わり反転する. ここでは，図1・5の梱包の姿勢変化から，反転する前の重心のもつ位置ネルギーを U_2，反転後の位置エネルギーを U_3 とすると，図の幾何学的関係から

$$U_2 = Wh_2 = mgh_2 \qquad h_2 = \overline{OG} \cdot \sin(\alpha + \theta) = \frac{1}{2}\sqrt{a^2 + b^2} \cdot \sin(\alpha + \theta) \qquad (1 \cdot 18)$$

$$U_3 = Wh_3 = mgh_3 \qquad h_3 = \frac{1}{2}\sqrt{a^2 + b^2} \qquad (1 \cdot 19)$$

となる.

　次に，衝突前後の **運動エネルギー** を T_2，T_3 とする. T_2 は斜面から起き上がる速度 v_2 によって円弧状に運動するエネルギーと梱包物体が重心周りに ω_2 で回転するときの回転エネルギーとの和であるから，

$$T_2 = \frac{1}{2}mv_2^2 + \frac{1}{2}I\omega_2^2 \qquad (1 \cdot 20)$$

となり，式 (1・20) に 式 (1・16) を代入して整理すると，

$$T_2 = \frac{1}{6}m(a^2 + b^2) \cdot \omega_2^2 \qquad (1 \cdot 21)$$

が得られる. ところで，式 (1・19) で示した位置エネルギーは，梱包物の重心を通る対角線が丁度垂直になり，重心の高さが最大になったときの位置エネルギーである. すなわち，この位置での運動エネルギーはゼロである. したがって，

14

第1章　簡単な装置および機構の特性解析

$$T_3 = 0 \tag{1・22}$$

となる．"エネルギーの保存則"は

$$U_2 + T_2 = U_3 + T_3 \tag{1・23}$$

であるから，式 (1・18) から 式 (1・22) までの結果を用いると，

$$mg \cdot h_2 + \frac{1}{6} m\left(a^2 + b^2\right) \cdot \omega_2^2 = mg \cdot h_3 + 0 \tag{1・24}$$

となり，式 (1・24) より 式 (1・17) の ω_2 は，

$$\omega_2 = \sqrt{\frac{6g}{a^2 + b^2}} \cdot \sqrt{h_3 - h_2} \tag{1・25}$$

となる．これより，回転の角速度 ω_2 は，重心の高さの差に関係することが分かる．
ただし，梱包物の横縦比 (b/a) が 1 よりも大きく，形状が横長のときの場合である．

1・2・5　傾斜ベルト・コンベアの搬送速度

式 (1・25) で梱包物の起き上がる角速度が求められた．この結果を 式 (1・17) に
代入すると傾斜ベルト・コンベアの速度が求められる．すなわち，

$$v_1 = 2\sqrt{\frac{2}{3} g\left(h_3 - h_2\right)} \tag{1・26}$$

となり，搬送速度 v_1 は，角速度と同じように，梱包物の重心差のみで定まる．

ここで，重心の高さの差と傾斜角度および梱包物の大きさなどによる速度への影響を
調べてみる．まず，重心の高さの差を 式 (1・18) と 式 (1・19) から求めると，

$$\Delta h = h_3 - h_1$$
$$= \frac{1}{2} \sqrt{a^2 + b^2} \left\{1 - \sin\left(\alpha + \theta\right)\right\} \tag{1・27}$$

となる．したがって，式 (1・26) で与えられる傾斜ベルト・コンベアの搬送速度 v_1 は，

1・2 ベルト・コンベアによる箱型梱包物の連結輸送

$$v_1 = \sqrt{\frac{4}{3}g\sqrt{a^2+b^2} \cdot \{1-\sin(\alpha+\theta)\}} \qquad (1\cdot28)$$

または，**無次元速度** は次式で与えられる．

$$\left(\frac{v_1}{\sqrt{ag}}\right) = \sqrt{\frac{4}{3}\sqrt{1+\left(\frac{b}{a}\right)^2} \cdot \{1-\sin(\alpha+\theta)\}} \qquad (1\cdot29)$$

このように，梱包物の縦横比 b/a をパラメータとして，傾斜角 θ に対するベルト・コンベアの単位のない速度が求められる．その際 $\alpha = \tan^{-1}(b/a)$ は，梱包物の縦横比 (b/a) をパラメータとして用いる．

図1・6 は，横軸に傾斜ベルト・コンベアの傾斜角 θ をとり，縦軸に無次元傾斜ベルト・コンベアの速度をとったものである．梱包物の縦横比にかかわらず傾斜角度に対する傾斜ベルト・コンベアの速度は直線的に減少する．ここで，梱包物の形状が正方形である場合は縦横比が1となり，3本ある速度曲線のうちの最上線となる．また，横長の梱包物で縦横比が大きく $b/a=2$ になると，同じ傾斜角でも正方形の梱包物の場合に比べて速度は減少することが分かる．

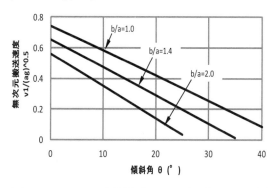

図1・6 コンベア傾斜角度 θ に対する無次元搬送速度

前後したが，式 (1・25) で示した梱包物の回転角速度 ω_2 の変化を 式 (1・27) を

用いて整理すると次の様な **無次元角速度** の式が得られる．すなわち，

$$\left(\frac{\omega_2}{\sqrt{g/a}}\right) = \sqrt{\frac{3}{\sqrt{1+\left(\frac{b}{a}\right)^2}} \cdot \{1-\sin(\alpha+\theta)\}} \quad (1\cdot30)$$

が得られる．

　無次元角速度は，式（1・29）と比べてパラメータが分母にあるから，縦横比の増加

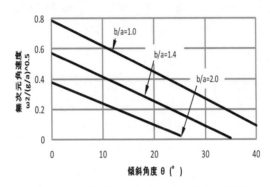

図1・7　コンベア傾斜角度 θ に対する無次元角速度 $\omega_1/(g/a)^{0.5}$

に対して角速度は逆に小さくなることが分かる．この特性を 図1・7 に示した．図から分かるように直線的傾向は全く同じである．

- 考察
  ① 傾斜ベルト・コンベアを利用して，梱包物を自動反転し，搬送するための傾斜角度と傾斜ベルト・コンベアの速度を求めた．その際反転を容易にするために，事前に梱包物を傾斜させ，そのうえ衝突による勢いを利用している．
  ② したがって拡張した " 運動量の保存則 "，すなわち，角運動量を用いて搬送速度と角速度の関係を求めた．さらに，反転時における重心の高低差によるエネルギー変化を " エネルギー保存則 " で記述し，それにより角速度を重心の高低

1・2 ベルト・コンベアによる箱型梱包物の連結輸送

差で示し，傾斜のベルト・コンベアの搬送速度を求めた.

③ これらの結果から，梱包物の縦横比をパラメータにして傾斜角 θ に対する無次元搬送速度の特性を求めた. これによると，傾斜ベルト・コンベアの搬送速度は傾斜角の変化に対して直線的に減少するとともに縦横比によって直線の勾配に多少の差が出た. 傾斜角度を一定にして縦横比の影響を求めると，縦横比を2倍にしても，搬送速度の増加は 3.2% 程度であることが分かった. なお，梱包物の形状が正方形であれば縦横比が1であり，横に細長い長方形であれば縦横比は1より大きい.

④ 試みに，傾斜ベルト面からから反転する時の角速度を無次元化して，その特性を求めたが，式 (1・29) および 式 (1・30) から分かるように，それらの式はパラメータの縦横比の値が分子にあるか分母にあるかの違いで，傾斜角の違いには影響していない. したがって，特性曲線はほとんど変わらないが，パラメータの順序が逆になっている. すなわち，角速度は，細長の梱包物になると正方形の梱包物に比べて遅くなることが分かった.

⑤ この装置の特性を明らかにするには拡張された "角運動量保存" の法則と "エネルギーの保存" の法則の二つを用いることが特色である.

⑥ 梱包物が正方形であれば，傾斜ベルト・コンベアの無次元速度は，式 (1・29) より

$$\left(\frac{v_1}{\sqrt{ag}}\right) = \sqrt{\frac{4}{3}\sqrt{2}\cdot\left\{1-\sin(\alpha+\theta)\right\}} \tag{1・31}$$

となり，その特性は 図1・6 の最下線の直線となる.

第1章 簡単な装置および機構の特性解析

1・3 急速バイスの特性解析

[力の伝達と分解，加工物の大きさに対するクランプ力の無次元特性曲線]

急速バイス は，トグル機構の一種で，加工物を作業台上に固定する装置である．機構は簡単で，図1・8 に示したように，任意寸法の加工物を空気 **アクチュエータ** で急速に固定するもので，加工作業を円滑に行う空気シリンダ式自動機である．作業の早さは供給空気圧力や供給空気量によって制御される．

1・3・1 アクチュエータの力とクランプ力

空気シリンダのロッドは，垂直方向のみに運動する．**急速バイス** を構成している部材 L はシリンダの上下駆動につれて左右に開く．このときアクチュエータ内の圧力を p (Pa) とすれば空気シリンダのロッドの力は，アクチュエータ内のピストン面積 A との積 $A \cdot p$ なる力 P となる．この力は左右に開いた部材 L を通して加工物と部材 L を固定している枠 (滑りブロック) に伝わる．

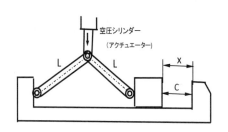 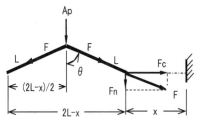

図1・8 急速バイスのアクチュエータ力[2]　　図1・9 力の伝達とクランプ力 F_c

部材 L の内部を通る力を F とすれば，アクチュエータの発生する力 $P=A \cdot p$ は 図1・8より F の垂直成分の2倍と釣り合うことは 図1・9の力の分解より知ることができる．すなわち，次のような関係が成り立つ．

$$A \cdot p = 2 \cdot F \cdot \cos\theta \qquad (1 \cdot 32)$$

部材 L を通るこの力 F は，加工物を固定する力 F_c と滑りブロックを押し上げる力 F_n に

1・3 急速バイスの特性解析

分解される．ここでは，加工物を固定する力 F_c の加工物の大きさ x に対する変化を調べることにする．

F_c は 図1・9の部材を通る力 F（ベクトル）を対角線とする "**力の平行四辺形**" により F の水平成分であるから，

$$F_c = F \cdot \sin\theta \tag{1・33}$$

となる．式（1・32）から得られる F の値を 式（1・33）に代入すると，

$$F_c = \frac{1}{2} \cdot A \cdot p \cdot \frac{\sin\theta}{\cos\theta} \tag{1・34}$$

となり，急速バイスの加工物を挟む力 F_c が 式（1・34）で求められる．式（1・34）から加工物を挟む力 F_c を得るには，部材 L の開き角度 θ を与えなければならない．開き角 θ を直接与えて F_c を算出したとしても，加工物の大きさ x との関係が明らかでないと求めた F_c の値の価値は低い．そこで，式（1・34）に含まれる $\sin\theta$，$\cos\theta$ を加工物の大きさとこの装置を構成している部材の代表寸法 L を用いて表示することにする．

1・3・2 構造寸法による装置の特性表示

ここでは，加工物の大きさが任意に変化するとして，その大きさを x とする．すると 図1・9より $\sin\theta$，$\cos\theta$ は，それぞれを幾何学的に，

$$\sin(\theta) = \frac{\dfrac{2 \cdot L - x}{2}}{L}, \qquad \cos(\theta) = \frac{\sqrt{L^2 - \left(\dfrac{2 \cdot L - x}{2}\right)^2}}{L} \tag{1・35}$$

となる．これらを 式（1・34）に代入し整理すると，

第 1 章　簡単な装置および機構の特性解析

$$F_C = \frac{1}{2} \cdot A \cdot p \cdot \frac{\sin(\theta)}{\cos(\theta)} = \frac{1}{2} \cdot A \cdot p \cdot \frac{\dfrac{2 \cdot L - x}{2 \cdot L}}{\dfrac{\sqrt{L^2 - \left(\dfrac{2 \cdot L - x}{2}\right)^2}}{L}}$$

$$= \frac{1}{4} \cdot A \cdot p \cdot \frac{2 \cdot L - x}{\sqrt{L^2 - \left(\dfrac{2 \cdot L - x}{2}\right)^2}} = \frac{1}{4} \cdot A \cdot p \cdot \frac{2 \cdot \left(L - \dfrac{x}{2}\right)}{\dfrac{1}{2} \cdot \sqrt{4 \cdot L^2 - \left(4 \cdot L^2 - 4 \cdot L \cdot x + x^2\right)}}$$

$$\therefore F_C = A \cdot p \cdot \frac{\left(L - \dfrac{x}{2}\right)}{\sqrt{4 \cdot L \cdot x - x^2}} \tag{1・36}$$

となる．これによって，加工物の大きさ x によって変わる固定力 F_c の値が定まる．しかし，このままではアクチュエータの具体的な性能または仕様，すなわち空気の圧力 p，シリンダの面積 A，腕の長さ L さらには加工物の大きさなど具体的な数値がないと F_c の値は求められない．また，式 (1・36) のままでは，この装置がいかなる開き角のとき，あるいは加工物がいかなる大きさのとき，加えた空気圧の何倍の力が加工物の固定に役立っているかをただちに判定することができない．また，挟む力が不明であると，加工物がその力によって変形するかどうかも分からない．これを解決するには，式 (1・36) を単位のない無次元化した式に変形することである．それには，各項を"比"または"割合"の形式にすることである．すなわち，加工物の大きさ x を腕の長さ L の比 (x/L) で表わすことで，それによって急速バイスの特性が空気圧力に対する挟み力の関係として評価できることが分かる．以下にその手順を示す．

1・3・3　無次元特性式と特性曲線

まず，式 (1・36) の左辺にある F_c は力であり，単位は [N] である．右辺でこれと同じ単位のものは空気圧 p [N/m²] による力 $A \cdot p$ [N] である．そこで，両辺を $A \cdot p$ で割ると，左辺は単位のない項（無次元）となる．

$$\frac{F_C}{A \cdot p} = \frac{\left(L - \dfrac{x}{2}\right)}{\sqrt{4 \cdot L \cdot x - x^2}} = \frac{([m]-[m])}{\sqrt{[m]\cdot[m]-[m^2]}} = \frac{[m]}{[m]} \tag{1・37}$$

しかし，右辺の分母，分子は，全体としては単位のない無次元の数値となるが，分母，分子の各項は比の形式になっていない．この式を活用するには，やはり腕の長さ L の値や加工物の大きさ x を特定しなければならない．そこで右辺の分母，分子の各項を比の項にする．このとき基準となるものは腕の長さ L のように変化しないものを選ぶ．一般にこれを，"**代表寸法**" と云っている．この例では，加工物の大きさ x やバイスの開き角度が変化しても腕の長さ L は一定であるから，これを代表寸法とする．

式（1・37）の分母，分子を腕の長さ L で割ると，

$$\frac{F_C}{A \cdot p} = \frac{\left(\dfrac{L}{L} - \dfrac{1}{2} \cdot \dfrac{x}{L}\right)}{\sqrt{\dfrac{4 \cdot L \cdot x}{L^2} - \dfrac{x^2}{L^2}}}, \qquad \therefore \quad \frac{F_C}{A \cdot p} = \frac{\left(1 - \dfrac{1}{2} \cdot \dfrac{x}{L}\right)}{\sqrt{4 \cdot \dfrac{x}{L} - \left(\dfrac{x}{L}\right)^2}} \tag{1・38}$$

となる．ここで，$\dfrac{x}{L} = \lambda$ とすると 式（1・38）は，

$$\frac{F_C}{A \cdot p} = \frac{(1 - 0.5 \cdot \lambda)}{\sqrt{4 \cdot \lambda - \lambda^2}} \tag{1・39}$$

となる．

式（1・39）をグラフにしたものが図 1・10 である．横軸は加工物の大きさを無次元で表わしていて，この装置で挟める加工物の最大は腕の長さ L であり，変数 λ は $\dfrac{x}{L} = 1$ となる．縦軸は，挟む力（F_c）を空気圧（$A \cdot p$）で無次元化された値である．

第1章　簡単な装置および機構の特性解析

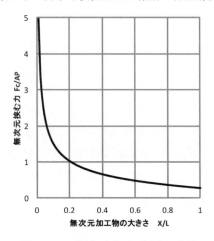

図 1・10　急速バイスの無次元特性

図 1・10 は腕の長さ L などの具体的な数値なしに，単に無次元化された加工物の大きさ x/L を 0 から 1.0 まで変えて描いたものである．このように式（1・36）を**無次元化**することにより，装置の特質が引き出せることが分かる．すなわち，加工物の大きさが比較的小さいと，挟む力は空気圧よりも大きくなり，加工物が必要以上の大きな力で固定されることが分かる．また，加工物の大きさに対する空気圧の変化は，単に比例の関係にないことも理解されよう．

ここで，空気圧による力が，$F_c/(A \cdot p) = 1$ になるような加工物の大きさを無次元の値で求めてみる．それには，式（1・39）の左辺を 1 とすればよい．すると，

$$1 = \frac{1 - 0.5 \cdot \lambda}{\sqrt{4 \cdot \lambda - \lambda^2}}, \quad \sqrt{4 \cdot \lambda - \lambda^2} = 1 - 0.5 \cdot \lambda, \quad 4 \cdot \lambda - \lambda^2 = 1 - \lambda + 0.25 \cdot \lambda^2 \quad (1 \cdot 40)$$

$$\therefore 1.25 \cdot \lambda^2 - 5 \cdot \lambda + 1 = 0$$

となる．式（1・40）は λ の二次方程式であるから根と係数の判別式 $\lambda = \dfrac{-b \pm \sqrt{b^2 - 4 \cdot a \cdot c}}{2 \cdot a}$ より λ 値が求められる．

すなわち，二次方程式の各項の係数は $a = 1.25,\ b = -5,\ c = 1$ であるから判別式は，

1・3　急速バイスの特性解析

$$\lambda = \frac{-(-5) \pm \sqrt{(-5)^2 - 4 \cdot 1.25 \cdot 1}}{2 \cdot 1.25} = \frac{5 \pm \sqrt{25-5}}{2.5} = 2 \pm 1.788 \qquad (1 \cdot 41)$$

となり，λ の値は

$$\lambda = \begin{array}{l} 3.788 \\ 0.212 \end{array} \qquad (1 \cdot 42)$$

となる．ここで，式 (1・42) のように λ は 3.788 と 0.212 の二通りあるが，無次元 λ 値の範囲は，

$$0 < \lambda < 1$$

であるから，この条件を満たす λ 値は 1 以下の

$$\lambda = 0.212 \qquad (1 \cdot 43)$$

となる．

1・3・4　無次元特性曲線の特質

　この装置で挟める加工物の最大値は，図 1・10 の特性曲線から直接求められる．先ず，縦軸の値　$F_c/A \cdot p = 1$ を通り横軸に平行な直線を引き曲線との交点を求める．この交点を通り縦軸に平行な垂線が，横軸と交わる点を求めると λ はおおよその値として 0.2 が得られる．この値は 式 (1・43) の値と一致する．これが無次元表示の特徴である．

　以上から，空気圧によって加えられる力 P とほぼ等しい大きさの力 F_c で加工物を急速バイスに固定する場合，加工物の大きさはバイスの腕長さ L の 約 20% の幅のものとなる．これ以下の小さい加工物を固定すると，空気圧以上の力が加わることになる．

　加工物の大きさをバイス腕の長さの 20% 前後とするならば，加工物を変形させることなく，かつ無理な力を働かせずに作業ができる．このような，判断または判定は，装置の特性の具体的な数値を 式 (1・36) に入れて求めるのでなく，式 (1・39) のように無次元で表示したためにできることである．

第 1 章　簡単な装置および機構の特性解析

● 考察

① アクチュエータの垂直力は，部材を通って水平成分の挟む力であるクランプ力に変わる．その力は開いた部材に沿って伝達され，水平成分の挟む力となる．このとき，部材の開き角度で力の分解を行ったが，その途中で開き角度を，構造寸法 L を含む変数で置き換え，装置の力学的特性式を導いた．

② 装置の作動に関わる変数や特性式を代表寸法で単位のない変数や無次元特性式にすることにより，具体的な数値を与えることなく装置の使用特性が評価できることを示した．

③ 加工物を挟む力は，加工物の大きさが $x/L > 0.2$ であるとアクチュエータの力より小さい．また，加工物の大きさがバイス腕の長さの 20% 前後であれば挟む力はアクチュエータの力とほぼ同じである．

④ 特性式を **代表寸法** で **無次元化** することで，装置の作動特性を明らかにすることができた．

1・4　突起のある部材の特性解析

[機械部品における突起の効用]

　図1・11 に示されているように水平部材の中間に突起のある機械部品は，扉や制動装置など開閉する可動部にみられる．特に制動装置では，突起がなければ，制動に加えられる力がいかに大きくても回転軸の制動には何の役目も果たさない．

　身近な例では，自転車のホイールについている硬質ゴムの **ブレーキシュー** である．ゴムが磨耗して薄くなるとブレーキ効果がなくなり，危険である．これはゴムが磨耗したことによりゴムの厚みが減って 図1・11 に示した突起がなくなったため，ブレーキバーを強く握り締めても自転車は止まらないのである．

1・4 突起のある部材の特性解析

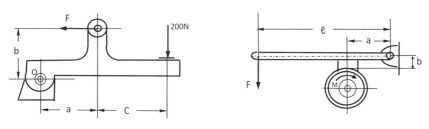

図 1・11 突起による力の制御および突起と制動装置 [2]

　もう一つは，バスの乗降用二つ折りドアの例である．このドアは頻繁に開閉される．その開閉は，圧縮空気によるアクチュエータの作動によるものである．このアクチュエータはゴムの蛇腹で覆われている．問題は，このアクチュエータのロッドと二つ折りドアの接合部である．その接合部は，ドアを水平部材と考えるとアクチュエータのロッド先端は，ドア部に取り付けられている突起のある金具の突起部にピンを通して接続されている．この突起金具のため，開閉を頻繁に行うアクチュエータに無理な作動力が働かないのである．この項では，これら二つの事例において共通の理由があることと，装置の特性が無次元化された特性式や無次元のパラメータを用いて評価できることを示す．

　これらの構造は，図1・11で分かるように力の働きが平面上にあり構造も二次元的であるから，x軸，y軸方向の **力の分解による釣り合い式** と，支点 (O点) まわりの **モーメントの釣合い式** で装置の特性が評価できる．基礎式を集和記号 (Σ) で示すと，

$$\sum F_x = 0$$
$$\sum F_y = 0 \qquad (1・44)$$
$$\sum M_0 = 0$$

となる．この装置の特性を調べるときに，注目すべき要点は，図1・12 (a) の如く力の x, y 2方向への分解が直接役立つものではなく，分解された二つの力は O点 まわりのモーメントを考察する際に活用されることである．

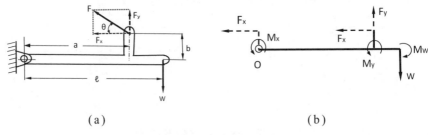

図1・12　力の分解とO点まわりのモーメント

　勿論，力を分解することなく，この装置の特性を導き出すことはできる．問題や評価すべき課題の解決には直接的な方法と間接的な方法とがある．間接的な方法には，それを統合したり，結合したりする第二の法則や原理が必要であることが多い．ここでは，間接的な方法をまず取り上げ，その特徴について詳細に述べる．続いて，直接的方法について触れる．勿論，結果は同じであることは言うまでもないことである．

　この装置の機能は，図1・12のように簡略することができる．図1・11は，レバーの右側に200 Nの垂直力を加えたとき，突起部でこれに釣合う水平力Fを求めるような図であるが，ここでは，水平力は斜めの力の特殊な場合であるから，あえて図1・12(a)においては水平力の代わりに斜め方向角度θの力Fとした．

　このレバーの釣合いの条件は，式（1・44）の第三式に示されているO点まわりのモーメントの和がゼロであるということである．すなわち，

$$\sum M_0 = 0 \tag{1・45}$$

である．

　ところで，部材や構造体に加わる力が水平軸に対して傾斜していれば，斜面の場合と同様に水平方向と垂直方向に分けることにより，その力の力学的な効果が明らかとなる．釣り合いを保つために加えられる斜めの力Fのx軸，y軸方向の分力は，図1・12の左に示されているようにそれぞれF_x，F_yである．この二力と荷重WによるO点まわりのモーメントはM_x，M_yおよびM_Wの三つである．これらの値は，それぞれ，

1・4 突起のある部材の特性解析

$$M_x = -b \cdot F_x$$
$$M_y = -a \cdot F_y \qquad (1 \cdot 46)$$
$$M_w = \ell \cdot W$$

である.ただし,a は O 点から突起までの長さ,b は突起の高さ,ℓ は O 点から荷重点までの距離である.

ここで,式 (1・46) 中のモーメント M_x は,"力はその作用線上をどこにでも移動してもよい" と言う原理を活用して導かれたものである.すなわち,M_x は,図 1・12 の右に示したように,分解された力のひとつである力 F_x を,力 F の作用点から O 点まで水平距離 a だけ原理に従って移動させ,突起の高さ b との積で求められたモーメントである.

図 1・12 のモーメント図 (b)より 式 (1・45) の O 点まわりのモーメント M_o は,

$$\sum M_O = M_w + (-M_x) + (-M_y)$$
$$= \ell \cdot W - b \cdot F_x - a \cdot F_y \qquad (1 \cdot 47)$$
$$= 0$$

となる.

ここで,式 (1・47) 中の F_x, F_y は,水平フレームに対して傾斜している力 F の水平,垂直成分であるから,それぞれ,

$$F_x = F \cdot \cos\theta$$
$$F_y = F \cdot \sin\theta \qquad (1 \cdot 48)$$

であり,式 (1・47) は,

$$\ell \cdot W - b \cdot F\cos\theta - a \cdot F\sin\theta = 0 \qquad (1 \cdot 49)$$

または,

$$\ell \cdot W - (a \cdot \sin\theta + b \cdot \cos\theta) \cdot F = 0 \qquad (1 \cdot 50)$$

となる.式 (1・49) または式 (1・50) が与えられたフレームの "力 F による O 点まわりに関する **モーメントの釣合式**" である.また,突起のある構造物の平衡式あるいは特性式とも言える.

これ以後が "エンジニアリング・アナリシス" である.すなわち,式 (1・49) ま

第1章　簡単な装置および機構の特性解析

たは 式 (1・50) から，この部材のどのような力学的特性または機能的特性が引き出せ
るかである．一つとして，突起に働く力 F の角度が何度のときどれくらいの力が必要か
を調べることにする．　勿論，上の特性式に数値を入れることで解答を得ることが出来
る．しかし，その値は特定のもので，制御機構であれば動きによってフレームの角度が
変わったり，バスの扉の開閉のように大きく変化するときの変動力に関する情報は得ら
れない．そこで，式 (1・49) でもよいが，ここでは 式 (1・50) から始めることにす
る．すなわち，必要力 F を角度の関数となるよう変形する．すなわち，

$$F = f(\theta)$$
$$= \frac{\ell \cdot W}{(a \cdot \sin\theta + b \cdot \cos\theta)} \tag{1・51}$$

とする．このままであれば，前に述べたように，負荷の値（W），部材の寸法（a, b,
ℓ）が与えられたときのみの特性しか分からない．具体的な数値を使わなくても，部材
の力学的特性を得るためには，式 (1・51) の左辺および右辺の分母，分子の各項を単
位のない比の形にすることである．すなわち，式 (1・51) を単位のない **無次元式** と
する．

　それには，まず，式 (1・51) の両辺を荷重 W で割る．すると左辺は，力 / 荷重 で
あるがいずれも単位はニュートンであるから左辺は単位のない無次元化された力とな
る．すなわち，式 (1・51) は，

$$\frac{F}{W} = \frac{\ell}{(a \cdot \sin\theta + b \cdot \cos\theta)} \tag{1・52}$$

となる．式 (1・52) の左辺は力の比であるから単位はない．右辺も $\sin\theta$，$\cos\theta$ を含む
が長さの比であるから単位がない．分母，分子はともに長さの単位であるから，それぞ
れに数値を入れればその結果の値は単位がない．したがって，式 (1・52) は無次元化
されていると言える．しかし，式 (1・51)，式 (1・52) 共に具体的な数値を用いない
と数値解が求められない．数値が得られたとしても，それは特定の寸法におけるもので
ある．具体的な数値を用いて計算することなく，かつ広範囲の角度変化に対する構造体
の特性を明らかにするには，右辺の分母，分子を部材の **代表寸法** ℓ（変化しない部品

1・4 突起のある部材の特性解析

の長さ）で割ると，

$$\frac{F}{W} = \frac{1}{\dfrac{a}{\ell}\cdot\sin\theta + \dfrac{b}{\ell}\cdot\cos\theta} \tag{1・53}$$

が得られる．この式（1・53）の左辺は式（1・52）でみたように無次元化されている．また，右辺の分母にある二つの項はいずれも長さの無次元量であり，無次元化されている．これを，与えられた装置の"**完全無次元特性式**"と名付ける．このうち，分母にある a/ℓ，b/ℓ を構造パラメータと呼び，この値の大小によって装置の形態，機能の特質が明らかになる．これらのことは，式（1・50）から式（1・52）までの式では得ることの出来ない情報である．

次に，式（1・53）からどのようなことが分かるか，検討する．

(1) $b=0$ のような構造体の形状は，次の図のように突起がない．

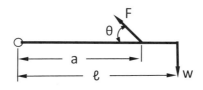

図1・13 突起のない構造体

この装置の特性式は，式（1・53）より

$$\frac{F}{W} = \frac{1}{\left(\dfrac{a}{\ell}\right)\cdot\sin\theta} \tag{1・54}$$

である．ここで，角度の作動範囲は広いが，$\theta \to 0$ とすると，$\sin\theta = 0$ であるから式（1・54）より，

$$\frac{F}{W} = \lim_{\theta \to 0}\frac{1}{(a/\ell)\cdot\sin 0} = \frac{1}{0} = \infty \tag{1・55}$$

となる．これより，突起の高さ b がゼロで，力の傾斜角 θ が小さくゼロに近づくと，制

御体を動かすには大きな力 F が必要となることが分かる．特に，式 (1・55) で分かるように，$\theta = 0$ になると制御すべき力 F は無限大になり，装置の安全運転に支障をきたすことになる．そのためには，このような危険領域で作動しないような対策が，設計段階で心がけられるべきものであろう．

(2) $b \neq 0$ の構造体の形状は，図 1・14 のように突起がつけられた装置となる．

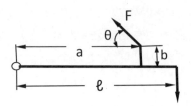

図 1・14　突起のある部材構造

この装置の特性は，式 (1・53) が直接適用され，次の二つの場合に分けて評価できる．

(I) $\theta \to 0$ となると，$\sin 0 = 0, \cos 0 = 1$ であるから 式 (1・53) は，

$$\frac{F}{W} = \lim_{\theta \to 0} \frac{1}{(a/\ell)\cdot 0 + (b/\ell)\cdot 1} = \frac{1}{(b/\ell)}, \qquad (有限) \qquad (1・56)$$

(II) $\theta \to 90°$ になると，$\sin 90° = 1, \cos 90° = 0$ であるから 式 (1・53) は，

$$\frac{F}{W} = \lim_{\theta \to 90°} \frac{1}{(a/\ell)\cdot 1 + (b/\ell)\cdot 0} = \frac{1}{(a/\ell)}, \qquad (有限) \qquad (1・57)$$

となり，突起のある装置では力 F の傾斜角 θ が 0° あるいは 90° であっても作動力 F が無限大になることはない．これらの結果を 図 1・15，図 1・16 に示した．

図 1・15 は，突起のないときの特性曲線である．角度の減少につれていずれの曲線も垂直に近い勾配で無次元差動力が上昇していることが分かる．これは 式 (1・55) で示したように突起がないと，作動力は無限大になる特性を持っているからである．特に，a/ℓ が小さいと傾斜角 θ が 80°～90° と比較的大きい範囲においても，差動力は荷重の3倍を必要としている．自転車の **ブレーキシュー** のゴムが減ると制動に必要以上の力を入れなければならない理由がここにある．特に，作動力を，負荷荷重以下にするに

1・4 突起のある部材の特性解析

は，$a/\ell > 2.5$ より大きくしなければならないことも図から読み取ることができる．勿論，この寸法の部材構造は現実的ではないが，特性を明確にするためにパラメータの領域を広げて参考のため計算したものである．

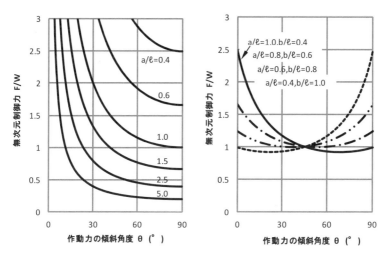

図1・15 突起のない部材構造(無限作動)　　図1・16 突起のある部材構造(有限作動)

図1・16は，突起がある部材構造の特性曲線である．作動力の角度 θ が小さくても，あるいは大きくても無限の大きさになることはない．このことは 式 (1・55)，式 (1・56) で示したように分母における $\sin\theta$，$\cos\theta$ が互いに補完し合うためである．以上のように，機械部品や装置の特性を評価するとき，特定な条件のもとで論議する必要も当然ある．しかし，変化する数，変化される数を代表寸法（変化しない支柱の長さとか，あるいは荷重）で無次元化したり，**パラメータ**（補助変数）を変えて全体の特性を知る必要があろう．その折には，今回の論議は役に立つと考える．

先に述べた直接的方法について触れておく．それは，力を x, y 軸の二方向に分解をせず，O 点まわりのモーメント M_0 を計算する方法のことである．すなわち，O 点から斜めの力の線上に垂直に交わる線分を幾何学的に求め，それをモーメントの腕の長さとし O 点まわりのモーメントを算出する方法のことである．この方法であると，モー

32

第 1 章　簡単な装置および機構の特性解析

メントの腕の長さ $r=a \cdot \sin\theta + b \cdot \cos\theta$ が直接求められ，式 (1・50) 以下の論議に合流できる．しかし，本項のように力の分解とその移動の原理を活用することは，種々の技術を知ることにおいて解決策の幅や視野を広げる上で大切なことである．

● 考察

① バスの乗降口に使われている折りたたみ式のドアは，蛇腹で覆われたアクチュエータの先端がドアから突き出た金具で接合されている．このため，アクチュエータの作動が円滑に行われている．あるいは，自転車のゴムのブレーキシューがすり減ると速度の制動ができなくなる．斜面と同様，これらの仕掛けに，力の基本的性質が含まれていることに気づく．

② 力の分解やその平行移動の特性など力の基本特性への理解が深まり，機械部品に対する静力学的機構が理解され，力学的考察が深まる．

③ 突起の有無によって，図 1・15，図 1・16 に示したように作動力の特性曲線が全く変わる．突起のある場合は，作動力が有限の範囲にあるが，突起が磨滅したり，消滅したりすると制御の作動に大きな力が必要となる．

④ 装置の特性を知るには具体的な数値を必要とするが，代表的な量，たとえば外力などで無次元化することにより，装置の作動特性を準動的に知ることができる．

⑤ 根本部に働くモーメントだけを知るには，図 1・12 に示したように O 点を通り斜めの力 F に垂直な距離（モーメントの腕の長さ）を幾何学的に求めればよいが，装置の特性を知るには ②で述べたように，力の分解，移動などの特性を理解して解析することが得策であることが分かる．

1・5 L型金具の固定点における合力とモーメント
［作用力の移動と力の保存および分解，合成］

　図1・17は，二段に曲げられた **取り付け金具**（bracket）である．この金具は，A 点で壁面に固定されている．この金具の A 点に働く力 F_A の大きさとその方向，およびモーメント M_A について考えてみよう

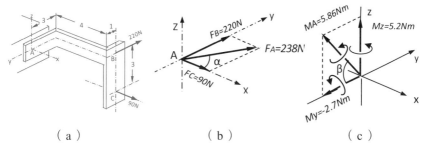

図1・17 [2] (a) 二段に折れ曲がった取り付け金具とその先端に働く方向の異なる二つの
　　　　　　　作用力
　　　　　(b) ベクトル F_B と F_C の固定点 A における合成力 F_A（力の平行四辺形）と
　　　　　　　その方向，
　　　　　(c) 固定点 A の回りの合成モーメント M_A とその角度 α

1・5・1 概要

　先ず，**取り付け金具** は，厚さと幅を持った鉄材でできているが，金具の折れ曲がりや長さのみを考え，その形状を金具の中心線を通る単純な棒状フレームとして，図1・18のように描く．座標の原点は金具の固定点 A である．金具先端面に働く二つの作用力（F_B, F_C）は，方向も作用点も異なる．そこで，A 点を通る三つの座標を x, y, z 軸とする．またフレームに働く外力を，それぞれ $F_B = 220\,\mathrm{N}$ と $F_C = 90\,\mathrm{N}$ とする．

　解法の基本原理は，"力はその作用線上に沿って移動できる" である．作用力 F_B お

よび F_C はそれぞれの方向がフレームの軸と同じであれば，フレームに対して " **軸力** "

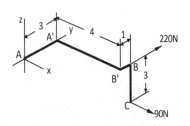

図 1・18　簡略化されたフレーム

となる．しかし，作用力がフレームに対して直角であるとその作用力は，部材内部で" **せん断力** " となってフレームの各部位に連続して働くことになる．すなわち加えた力は一様に働き，途中で消えたり増えたり，勝手に向きを変えることはない．すなわち，力の大きさとその方向は，途中で変化することなく，そのままで保存され，伝達されるのである．

1・5・2　二つの作用力の移動による A 点への合力とその大きさ (F_A) および方向 (α)

　図 1・18 でわかるように，二つの力 F_B, F_C の作用点はフレームの固定点 A から離れているが，B 点に働いている力 F_B は，その力の作用線上を B 点から移動し B' 点に移す．フレーム $A'B'$ 上では，F_B はフレームの軸に対して **せん断力** として各部に直角に働いている．せん断力となった力 F_B は，フレーム $A'B'$ 上で保存され A' 点に至る．すると，B 点の作用力 F_B は A 点を通り y 軸上に来る．これによって作用力 F_B は，固定 A 点を原点とする y 軸上にベクトル F_B として描くことができる．

　次に，作用力 F_C の A 点への作用について考える．図 1・19（b）に見られるようにフレーム CB 間では，明らかにせん断力として働く．したがって B 点に到っても大きさと方向は変わらないから，フレーム BB' においても直角である．ゆえに B' 点においても C 点に作用した F_C と同じ大きさと方向を持った力となり，B' 点においてフレーム $B'A'$ の方向と一致する．そのためこの区間における F_C の作用力は，軸力としてその

1・5 L型金具の固定点における合力とモーメント

内部に働いている．したがって作用力 F_C は A' 点では y 軸に垂直で，フレーム $A'A$ においてはせん断力として働く．このせん断力は A 点おいては，作用力 F_C をそのまま移動したように A 点に働くことになる．

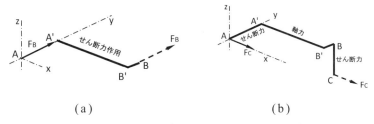

(a)　　　　　　　　　　(b)

図1・19　作用力 F_B，F_C の軸力，せん断力による A 点への移動過程

以上から，金具の最先端 B 点，C 点の作用力 F_B，F_C の **ベクトル**（大きさと向きを持つ）を固定点 A に移動すると x, y 軸平面内で互いに直交し "**力の平行四辺形**" が形成される．四辺形の対角線上のベクトルが固定点 A に働く力で，作用力 F_B，F_C による合力となる．図1・17 の (b) にその結果を示した．したがって，固定点 A に働く合力は二辺の2乗和の平方で求まり，その方向は二辺の比の逆正接（$\tan^{-1}$）で得られる．すなわち，式 (1・58)，式 (1・59) で与えられる．

$$F_A = \sqrt{F_B^2 + F_C^2} \tag{1・58}$$

$$\alpha = \tan^{-1} \frac{F_C}{F_B} \tag{1・59}$$

1・5・3　二つの作用力による A 点周りのモーメント

まず，固定点 A のモーメント M_A を求める．**モーメント** は，固定点から力の作用点までの距離（モーメントを求める点から作用力のベクトルに対して直角となる腕の長さ）と作用力との積として定義される．この様子を，図1・20 (a), (b) に示した

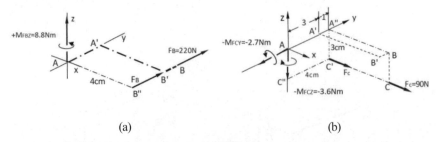

(a) 作用力 F_B による A 点における z 軸周りのモーメント ($+M_{FBZ}$)
(b) 作用力 F_C による A 点における y 軸, z 軸周りのモーメント ($-M_{FCY}$, $-M_{FCZ}$)
図 1・20 作用力 F_B, F_C による固定点 A 周りのモーメント

　この定義に従うと，腕の長さとベクトルが直交するためには，図 1・20 (a), (b) のように作用力 F_B の作用点を，B' からその作用線に沿って点 B'' まで移動すればよいことが分かる．すなわち F_B によるモーメントは，腕の長さ $\overline{AB''}$ と作用力 F_B との積として求められる．このモーメントのベクトルは右ネジの進む方向を基準にすると A 点において上向きになり，A 点を基底として z 軸上に正のベクトル M_Z として示される．その大きさを M_{FBZ} とすると，

$$M_{FBZ} = \overline{AB''} \times F_B \qquad (1 \cdot 60)$$

である．それを図示したのが 図 1・20 (a) である．

　次に，作用力 F_C による A 点回わりのモーメントを求める．作用力 F_C の作用線上を A'' の真下 C' 点まで移動する．これより直ちに作用力 F_C は y 軸に対してモーメント M_{FCY} になることが分かる．すなわち，このモーメントは，腕の長さ $\overline{A''C'}$ と作用力 F_C との積で与えられ，

$$M_{FCY} = \overline{A''C'} \times F_C \qquad (1 \cdot 61)$$

が成立する．

　これと同時に，移動した作用力 F_C をよくみると z 軸に対しても腕の長さ $\overline{C'C''}$ によるモーメント M_{FCZ} の働きを示していることが分かる．すなわち，

1・5 L型金具の固定点における合力とモーメント

$$M_{\text{FCZ}} = \overline{\text{C'C''}} \times F_{\text{C}} \tag{1・62}$$

となる．その結果，A 点回りのモーメントは 図 1・21 のようになる．

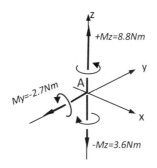

図 1・21　A 点周りの二つのモーメント

以上のことから，作用力 F_{C} は固定 A 点に関して，y, z 軸それぞれにモーメントが発生していることが分かる．この場合いずれも座標軸は異なるが，原点 A に対し負の方向となっている．二つのモーメントの合成は 図 1・17 の (c) に示した．

- 考察
  ① 力（ベクトル）の平行四辺形に基づく力の分解と合成，さらに力のその作用線上における移動など，基礎的原理を平面や立体的に働く力にも採用することによって，複合的な働きをすることが分かった．
  ② 力が部材内部でどのように変化するかは，材料力学や弾性学で厳密に扱われるが，ここでは直観的に理解できるせん断力と軸力（主応力）といったもので，どの断面においても静的な力が保存され伝わるものであることを試みとして用いてみた．
  ③ モーメントの方向とその合成は，"こま" の軸の動きやロボットの向きを変える際の動きなど三次元的運動の考察にその原理が用いられる基本的なものであるのでここで提示した．

第 1 章　簡単な装置および機構の特性解析

④ モーメントはネジの進む方向を正とし，その大きさと方向は次式による．

$$M_A = \sqrt{(M_{FBZ} - M_{FCZ})^2 + M_{FCY}^2} \qquad (1・63)$$

$$\beta = \tan^{-1}\left(\frac{M_{FBZ} - M_{FCZ}}{M_{FCY}}\right) \qquad (1・64)$$

⑤ F_B の作用力を固定し，F_C を 22〜550 N と変えたとき作用力の比 $\lambda\,(=F_C/F_B)$ に対する合成力 F_A と合成モーメント M_A の変化を 図 1・22 に示した．横軸の 0 から 1 の区間は $F_C<F_B$ である．これによると合力 F_A は λ の増加とともにほぼ直線的増えるが，合成モーメント M_A は取り付け金具の形状や作用力の位置およ

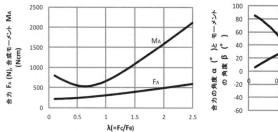 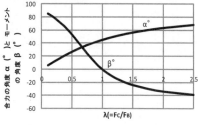

図 1・22 合力 F_A とモーメント M_A　　図 1・23 合力の角度 α とモーメントの角度 β

び大きさが異なるが，$\lambda=0.636$ で最低値を示した．$\lambda=1.5$ になるとその後は直線的に増加した．また，図 1・23 で示すように合力 F_A の x 軸に対する方向は徐々に増加し，モーメントの方向は $\lambda=1$ を前後に $\pm 0°$ と作用の方向が急に変化している．すなわち F_C の F_B に対するわずかな変化がモーメントの方向を変えることが分かった．このように簡単なものでも一定の条件のみでなく準動的な挙動を考えてその特質を明らかにしていくことが必要であると思われる．

⑥ 尚，合成モーメント M_A の最低値は 式 (1・63) より求められ，$F_C/F_B=0.636$ である．

1・6 逆L字部材の根元支持力および地中支柱の分布力と長さ

1・6 逆L字部材の根元支持力および地中支柱の分布力と長さ
［ 三次元力の分解と分布力の扱い方 ］

　斜面に置かれた物体の荷重は，直感的に全荷重が斜面に働くように考えられるが，荷重は地球の中心に向かう方向と大きさを持った力であり，**力の平行四辺形** 則 にしたがって分解でき，斜面に対する荷重の働きを調べてみると，予想と異なる働きをすることが1・1節で示された．すなわち，荷重と言う力は斜面に平行な成分とそれに直角な成分の二つに分けられ，斜面に平行な分力は，荷物を斜面に沿って上下に移動する仕事の評価に，また斜面に直角な分力は斜面の板厚や摩擦力を決定するのに役立てることができる．このように，力の働きを検討するには，力の固有の特性である向きと大きさを考慮することが重要であることを知った．

　ところが，斜面に働く力は平面内で二次元的である．したがって，分解された力の分力は必然的にx軸とy軸との2方向となった．しかし，ある点に働く一つの力の向きが平面から外れ，その力の矢印（ベクトル）を囲む図形が立方体であると力の作用は三次元的となる．すなわち力の作用点を座標の原点とすると，図1・24のように立方体の隣り合う三つの稜線に直交する x', y', z' の3軸方向に分けられた力の働きで調べられる．他方，構造物や機械に働く力は，方向や大きさは勿論のこと，力の加わり方が局部的であったり，部材のある範囲にわたって連続的にあるいは不連続に分布することがある．このとき力の分布形状は，三角形とか二次曲線のような単純な関数で近似されて調べられる場合が多い．そこでここでは，斜面に置かれた荷重のように二次元平面でなく，逆L字部材の先端に斜めに作用する力と地中内に埋められている部材部への分布力等の働きについて考えてみる．

1・6・1 逆L字部材の先端に働く斜めの力の分解と地表面における反力およびモーメント
(1) 力の三方向への分解 （ 三次元へ分解 ）

　図1・24は，垂直部材の長さがℓ_1，水平部材をℓ_2とする **逆L字部材** の先端A点に後方から力Fが働いたときの根元部B点における反力とモーメンを示す．

第1章　簡単な装置および機構の特性解析

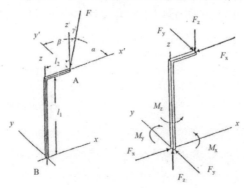

図1・24　逆L字先端に斜めの力 F が作用したときの
各部材，地表および地中に働く力とモーメント

　先ず，力 F の作用点 A を原点とする3次元座標 x', y', z' 軸を設定する．力 F は x', y', z' の3軸方向に対して α, β, γ の角度をなしている．また，根元部 B 点を原点とした3次元座標を x, y, z とする．そこで，A 点の力 F を x', y', z' 軸それぞれに射影した分力を F_x, F_y, F_z とする．その大きさは，

$$
\begin{aligned}
F_x &= F \cdot \cos\alpha \\
F_y &= F \cdot \cos\beta \\
F_z &= F \cdot \cos\gamma
\end{aligned}
\tag{1・65}
$$

で与えられる．これは，立方体の対角線が力 F で，その射影が F_x, F_y, F_z であることを示している．各分力は直角三角形の底辺に相当する．したがって α, β, γ は F と F_x, F_y, F_z 等の2辺に挟まれた角度である．対角線 F に対するそれぞれの辺の比は，式 (1・66) のようになる．特に，$\cos\alpha, \cos\beta, \cos\gamma$ を " **ベクトルの方向余弦** " と呼んでいる（各成分の力の比，ベクトル比，長さの比で，無単位，余弦となる）．

$$
\frac{F_x}{F} = \cos\alpha, \quad \frac{F_y}{F} = \cos\beta, \quad \frac{F_z}{F} = \cos\gamma
\tag{1・66}
$$

　ところで，逆 L 字の垂直部材 ℓ_1，水平部材 ℓ_2 にどのような力が働くかは，先端に働く力 F だけでは何ら情報を得ることはできない．しかし，F を3つの分力 F_x, F_y, F_z

1・6 逆L字部材の根元支持力および地中支柱の分布力と長さ

に分解することによって，先端に働く力 F の地表平面および地下に埋もれている部材への働きや作用を求めることができる．力を座標軸に沿った方向に分解しても途中で消滅するものではなく，"作用，反作用の原理"に基づき，加えられた力は"全体として保存"される**"保存の原理"**を満たす物理量であると考えることができる．したがってたとえ力が分解され振り分けられたとしても，あるいはそれによってその作用の仕方が変わったとしても，それに見合った力が反作用としてどこかに存在し，全体として保存され平衡状態を保っていることを忘れてはならない．すなわち，机に載せた書物の重みは，四つの脚を通して床に作用すると同時に，逆に床から四つの脚に，そして四つの脚から机を通して書物へと **作用・反作用** を繰り返して働き，全体として書物の重みそのものは保存されていることになっている．

(2) 反力とモーメント

そこで分力 F_x, F_y, F_z が，逆L字部材の各部にどのような働きをするか考えてみる．
F_x は，

ⓐ 垂直部材 ℓ_1 を左側に倒すように働く．これに抗して根元部の B 点では F_x に等しく向きが反対な力 F_x と y 軸まわりにモーメント M_y で，逆L字部材の平衡を保持している．

ⓑ また，水平部材 ℓ_2 には軸方向の応力として働く（材料力学における軸応力を参照）．

F_y は

ⓒ 垂直部材 ℓ_1 の z 軸まわりにモーメント M_z を引き起こす．これとともに

ⓓ 根元部 B 点では分力 F_y と大きさが等しく向きが反対な **反力** F_y が働き，それと同時に根元部の x 軸まわりにモーメント M_x を引き起こしている．

ⓔ また，垂直部材 ℓ_1，水平部材 ℓ_2 の各々に直角なせん断応力として働く（材料力学参照）．

F_z は

ⓕ 垂直部材 ℓ_1 の B 点に分力 F_z の反力 F_z と，y 軸まわりのモーメント M_y を引き起

第 1 章　簡単な装置および機構の特性解析

こす.

　ⓖ　また, 垂直部材 ℓ_1 の軸方向に垂直応力, 水平部材 ℓ_2 にはせん断応力として働く.

上の ⓐ 〜 ⓖ より, 地表面に添う B 点の x, y, z 軸まわりのモーメント M_x, M_y, M_z

はそれぞれ

$$\text{ⓓ :} \qquad M_x = \ell_1 \cdot F_y \tag{1・67}$$

$$\text{ⓐ と ⓕ :} \qquad M_y = \ell_1 \cdot F_x - \ell_2 \cdot F_z \tag{1・68}$$

$$\text{ⓒ :} \qquad M_z = \ell_2 \cdot F_y \tag{1・69}$$

となる. このように, 逆 L 字部材の先端に働く斜めの力の分力は, 部材 ℓ_1, ℓ_2 を通じて

作用点 A より離れた B 点で, それと同じ大きさで向きの異なる " 反作用 " を引き起

こし, それと同時に " 各軸のまわりにモーメント " を発生させている. この " 力学

的原理 " は考察の ③ 項 で述べる.

　以上, 静力学的には, A 点の分力 F_x, F_y, F_z が B 点において反作用として働くとと

もに, 地表面に添う x, y, z の各軸にモーメント M_x, M_y, M_z を生み出す. また, 材

料力学的には各部材内部に垂直応力やせん断応力, さらに曲げモーメントを与える. こ

のように力の分解により, その働きがより明らかになる.

1・6・2　地中内に埋められている部材に働く力の分布形状とその合力および作用点

　問題を単純化するために, 図 1・25 に示したように二次元的で, 力 F_z の垂直成分の

みを考える. したがって, 根元部には, 前掲の " 力学的原理 " に基づき垂直分力 F_z の

反力 F_z とモーメント M_0 の二つが働くことになる. 　このうち, 垂直方向の分力は, 直

接, 逆 L 字部材を地中に沈める働きをする. また根元部のモーメント M_0 は, 水平部材

の長さ ℓ_2 と垂直分力 F_z より,

$$M_o = \ell_2 \cdot F_z \tag{1・70}$$

で与えられる. この根元部のモーメント M_0 は, 図 1・25 に示されているように地中に

埋められた垂直部材の左右に働く分布力の **偶力** と釣り合う. この **偶力** は, 土圧によ

る分布力の合力 F_R とその作用点 ℓ_R から求められる.

1・6 逆L字部材の根元支持力および地中支柱の分布力と長さ

1・6・3 分布力の合力 F_R と作用点 ℓ_R （積分法の活用）

　垂直力 F_z による根元部のモーメント M_o は 図1・25 に示されているように，その大きさは 式（1・70）で求められる．このモーメント M_o に釣り合うための **偶力** は，地中内にある部材の左右に働く土圧分布で定まる．今，土圧による分布力形状を二次関数で表されると仮定すると，偶力は左右の図心を通る合力によって生じる．この偶力と根元部のモーメント M_o とが等しければ，逆L字部材は力学的に平衡が保たれる．土圧力による分布力は，仮定により二次曲線で表されるから，支柱の末端を原点としこれより

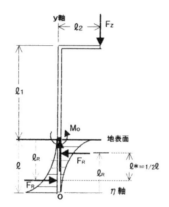

図1・25　逆L字部材の地中内に埋められた部分に
働く分布力の合力と作用点および偶力

上方の任意点 y における土圧力 F_y は，

$$F_y = k \cdot y^2 \qquad 0 < y < \ell \tag{1・71}$$

で示すことができる．したがって図中の合力 F_R は，式（1・71）を $y=0 \sim \ell$ にわたって積分して求められる．ただし地中部の支柱長さを ℓ と仮定すると，合力 F_R は

$$F_R = \int_o^\ell F_y \cdot dy = \int_0^\ell k \cdot y^2 dy = \left[k\frac{1}{3}y^3 \right]_0^\ell = \frac{1}{3}k\ell^3 \tag{1・72}$$

となる．合力の作用点 ℓ_R は，式（1・72）による合力 F_R と支柱末端を通る η 軸まわりのモーメント M_η より求められる．すなわち，η 軸まわりのモーメント M_η は，任意点 y における分布力を F_y とすると，その点における微小面積 dA は $dA = F_y dy$ で

44

第 1 章　簡単な装置および機構の特性解析

示され, F_y は 式 (1・71) で与えられていることを考慮すると,

$$M_\eta = \int y dA = \int y \cdot F_y dy = \int y \cdot ky^2 dy = k \int y^3 dy = k \left[\frac{1}{4} y^4 \right]_0^\ell = \frac{1}{4} k \ell^4 \quad (1 \cdot 73)$$

となる. したがって, 式 (1・72) と 式 (1・73) より η 軸まわりのモーメント M_η は,

$$M_\eta = \ell_R \cdot F_R \quad (1 \cdot 74)$$

であるから, 式 (1・74) に 式 (1・72) と 式 (1・73) の結果を代入すると支柱末端の原点 O より作用点までの距離 ℓ_R は

$$\ell_R = \frac{M_\eta}{F_R} = \frac{\dfrac{1}{4} k \ell^4}{\dfrac{1}{3} k \ell^3} \qquad \therefore \ell_R = \frac{3}{4} \ell = 0.75 \ell \quad (1 \cdot 75)$$

となる.

1・6・4　地下の支柱における偶力 M_R

分布力による合力 F_R は, 式 (1・75) で示したように, 支柱の右側では支柱末端から $3/4\,\ell$ の深さの図芯に働いている. 左側は, 支柱末端から ($\ell = 3/4\,\ell$) である. この二力の腕の長さ ℓ^* は,

$$\ell^* = \frac{3}{4} \ell - \left(\ell - \frac{3}{4} \ell \right) = \frac{1}{2} \ell \quad (1 \cdot 76)$$

である. 左右の合力による偶力 M_R は, 式 (1・76) で腕の長さ ℓ^* が求められているから,

$$M_R = \ell^* \cdot F_R = \frac{1}{2} \ell \cdot \frac{1}{3} k \ell^3 = \frac{1}{6} k \ell^4 \quad (1 \cdot 77)$$

となる.

次に, 式 (1・71) の積分で仮定した地下の支柱長さ ℓ を求める.

1・6・5　地下の支柱長さ ℓ

式 (1・70) で示した支柱根元部におけるモーメント M_O と 式 (1・77) の偶力 M_R

1・6 逆 L 字部材の根元支持力および地中支柱の分布力と長さ

とが等しければ逆 L 字の支柱は倒れないから，式 (1・70) と式 (1・77) を等しいと置くと，

$$M_o = M_R \tag{1・78}$$

地中部の支柱長さ ℓ は，

$$\ell_2 F_z = \frac{1}{6} k\ell^4, \quad \therefore \ell = \sqrt[4]{\frac{6\ell_2 F_z}{k}} \tag{1・79}$$

となる．これより，**地中部の支柱長さ** ℓ は，水平部材の長さ ℓ_2 や作用力 F_z が大きくなればそれらの積の四平方根に比例して長くなり，二乗分布の係数 k を大きくすると短くなることが分かる．

［ 注 ］ 使用した分布関数の乗数 k の単位： $k = F / y^2 =$ N / m^2 = Pa である．

● 考察

① 力の分解法則は 3 次元 x, y, z についても適用され，作用点とは離れかつ食い違っている位置における反力やモーメントの働きが明らかになった．さらに，材料力学で扱われる垂直応力，せん断力応力などとの違いも分かった．

② 三次元的力の分解によりその分力の二乗和は " 余弦定理 " を満たすことが示された．すなわち，$F_x / F, F_y / F, F_z / F$ の二乗和は，

$$\left(\frac{F_x}{F}\right)^2 + \left(\frac{F_y}{F}\right)^2 + \left(\frac{F_z}{F}\right)^2 = \frac{F_x^2 + F_y^2 + F_z^2}{F^2} = 1 \tag{1・80}$$

となり，" ベクトルの方向余弦定理 " を得る．

$$\left(\frac{F_x}{F}\right)^2 + \left(\frac{F_y}{F}\right)^2 + \left(\frac{F_z}{F}\right)^2 = cos^2 \alpha + cos^2 \beta + cos^2 \gamma = 1 \tag{1・81}$$

③ 一点に働く外力が，他の点で反作用力とモーメントになる " **力学的原理** "

図 1・26 の剛体内に A ，B （ 逆 L 字の先端 A と根元 B ）の二点を考える．そのうち A 点に " 力 F " が水平方向に働いたとする．それに対する B 点の反作用を考えてみる（ ちょうどその点を逆 L 字部材の根元部 B とする ）．

A 点に働く力 F は，直感的には剛体を任意の方向へ動かし，かつ B 点を中心

に剛体をまわすような働きをすると考えられる．このようなとき，剛体を静止させ，かつ回転を止めるためには B 点にはいかなる力が必要になるかを"作用反作用の原理"を用いて考えてみる．

　図 $1 \cdot 26$ (a) は，水平な力 F が A 点に作用していることを示している．(b) はその解析図である．これは，A 点に作用した力 F と同じ大きさの力を，B 点の左右に働かせたものである．この左右の二つの力は，互いに **作用反作用の原理** に基づくため (a) の力学的な静止の状態は崩れない．ところで，図 $1 \cdot 26$ (b) に示されている A 点の力 F と B 点の右向きの力 F に注目すると，大きさが

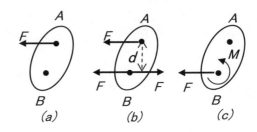

図 $1 \cdot 26$ 　(a) A 点に働く一つの外力 F は，(c) B 点では
　　　　大きさが等しい力 F とモーメント M になる．

等しく向きが反対で，さらにその 2 力の垂直距離が d であることから，これら 2 力はペアーとなりクルマのハンドルを両手で回すときのように回転力となる．これを "**偶力**" とも呼び，図 $1 \cdot 26$ (c) のように B 点を囲む円弧状の矢印で表される．矢印は "右手の法則" により，ねじの進む方向を正としている．以上によって，A 点に働いた一つの力 F は，B 点において A 点に働いている力 F と同じ力とその回りに働くモーメントの二つの力に変換されることが分かる．

④ **地中の支柱長さ** ℓ は，水平部材の長さ ℓ_2 と垂直成分 F_z の積の 1/4 乗根に比例する．また，土圧分布の係数 k を大きくすると支柱の長さを短くすることができる．すなわち，支柱のまわりを十分硬くすれば支柱の長さは短くなることが分かる．

1・6 逆L字部材の根元支持力および地中支柱の分布力と長さ

第1章 参考文献

(1) F.P.Beer and E.R.Johnston 著，小笠原浩一訳：工業技術者のための力学，下
(1962) McGRAW・HILL BOOK COMPANY

(2) J.L.Meriam：MECHANICS Part Ⅰ STATICS (1952) John Wily & Son, Inc.

第2章　ロープを使った運動の解析
― 幾何学的変化と速度，加速度 ―

2・1　水平ロープの中央を垂直に牽引する荷物引き上げ解析

［運動方程式（微分方程式）を解析的に解くのでなく，幾何学的関係から導かれる加速度項を直接運動方程式に適用して代数的に荷重 W と引き上げる力 F との関係を求める］

ロープで垂直に吊るされた荷重 W の荷物は，A 点の滑車を通してロープの他端が滑車と水平な位置にある B 点で固定されている．今，滑車と固定点との中央 O 点において力 F で下向きに一定速度で引いた時，力 F と O 点からの変位 x の関係を求め，この装置の特性について考察する．尚，C 点は動滑車である．

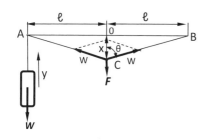 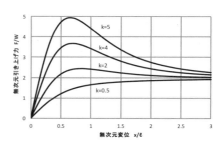

図2・1　水平ロープを垂直に牽引した　　図2・2　無次元変位と力
　　　　荷物の引き上げ [1]

図2・1において荷物の荷重 W と垂直力 F との釣り合いを考える．その際，滑車によ

第 2 章　ロープを使った運動の解析

るロープの折れ曲がりがあったとしてもロープの各断面には荷重 W に相当する力が連続して働いている．したがって，図のごとく C 点で左右対称に折り曲げられたロープの左右斜め上の方向にも荷重 W の力が作用している．この力のベクトルは荷重 W と向きは垂直線に対して θ の角度をもち異なるが，**ロープを伝わる力** は保存されているから大きさは同じである．すなわち，荷重 W は滑車 A で方向が変えられロープを通して $\overline{AC}, \overline{CB}$ と伝わっている．したがって，図 2・1 に示されている $\overrightarrow{CA}, \overrightarrow{CB}$ に向かう力のベクトルの大きさは W で，向きはロープ上で垂直軸に対して θ である．互いのベクトルに平行でかつその先端を通る **力の平行四辺形** を描くとその交点と C 点までの長さは，力 F のベクトルの大きさと同じであることに気付く．すなわち，左右に分かれた二つのベクトルの垂直成分の和が，力 F のベクトルと大きさが等しく向きが反対であることが分かる．大きさが等しく，向きが反対な力の状態は，釣り合いの状態にあると云う．これを 式 (2・1) で示した．

$$F = 2W \cdot \cos\theta = 2W \cdot \frac{x}{\sqrt{\ell^2 + x^2}} \tag{2・1}$$

式 (2・1) の第二式は，$\cos\theta$ を装置の構造寸法 ℓ と C 点の O 点からの変位量 x で書き換えた．ところで，荷物 W の垂直変位量 y も水平ロープからたわんだ x と ℓ の構造寸法を用いて幾何学的関係で示すと，

$$y = 2\left(\sqrt{\ell^2 + x^2} - \ell\right) \tag{2・2}$$

となる．ここで，荷物 W の垂直運動を求めるには，荷物 W に関する運動方程式（**Newton の第二法則**，質量 × 加速度 ＝ それに働く外力 ）に基づき，次のような式となる．特に荷物の運動を調べるのであるから荷物の加速度は 式 (2・2) の二階微分で得られ，それがロープを通して C 点に達する．したがって，運動方程式は，垂直な引き下げ力 F によって加速度が生じるのであるから二階微分の余弦成分による加速度でなければならない．その結果，運動方程式は

2・1 水平ロープの中央を垂直に牽引する荷物引き上げ解析

$$\frac{W}{g} \cdot \frac{d^2 y}{d^2 t} \cdot \cos\theta = F - 2W \cdot \cos\theta \tag{2・3}$$

となる．他方，C 点が一定の速度 v で垂直力 F によって下方に引き下げられるのであるから，式 (2・4) のようにその速度は垂直変位 x の時間微分で示すことができる．

$$\frac{dx}{dt} = v = const \tag{2・4}$$

他方，式 (2・3) に示された荷物 W の加速度は，x, y が t の関数であり" **媒介変数で定められた関数の微分法** " により，荷物の加速度は，

$$\frac{dy}{dx} = \frac{\dfrac{dy}{dt}}{\dfrac{dx}{dt}}$$

$$\frac{d^2 y}{dt^2} = \frac{d}{dx}\left(\frac{dy}{dt}\right)\frac{dx}{dt} = \frac{d}{dx}\left(\frac{\dfrac{dy}{dx}}{\dfrac{dt}{dx}}\right)\frac{dx}{dt} = \frac{\dfrac{d^2 y}{dx^2}\dfrac{dt}{dx} - \dfrac{dy}{dx}\dfrac{d^2 t}{dx^2}}{\left(\dfrac{dt}{dx}\right)^2}\frac{dx}{dt} \tag{2・5}$$

となる．さらに，引き下げる速度は一定であることから $\dfrac{dx}{dt} = v$ であり，当然加速度はないため $\dfrac{d^2 x}{dt^2} = 0$ であるから

$$\therefore \frac{d^2 y}{dt^2} = v^2 \frac{d}{dx}\left(\frac{dy}{dx}\right) \tag{2・6}$$

で与えられる．したがって，式 (2・3) の左辺にある加速度は，式 (2・6) に 式 (2・2) を代入すると，

$$\frac{d^2 y}{dt^2} = v^2 \frac{d}{dx}\left[\frac{d}{dx}2\left\{\sqrt{\ell^2 + x^2} - \ell\right\}\right] = v^2 \frac{d}{dx}\left[\frac{2}{2}\left(\ell^2 + x^2\right)^{-\frac{1}{2}} \cdot 2x\right]$$

第2章　ロープを使った運動の解析

$$= v^2 \frac{d}{dx}\left[\frac{2x}{\sqrt{\ell^2 + x^2}}\right] = v^2 \frac{2\ell^2}{(\ell^2 + x^2)\sqrt{\ell^2 + x^2}} \tag{2・7}$$

となる．ここで加速度項を α と置き，これを無次元化すると

$$\alpha = v^2 \frac{2\ell^2}{\ell^2\left\{1+\left(\dfrac{x}{\ell}\right)^2\right\}}\frac{1}{\ell\sqrt{1+\left(\dfrac{x}{\ell}\right)^2}} = \frac{v^2}{\ell}\frac{2}{\left\{1+\left(\dfrac{x}{\ell}\right)^2\right\}^{\frac{3}{2}}}$$

$$\therefore \left(\frac{\ell \cdot \alpha}{v^2}\right) = \frac{2}{\left\{1+\left(\dfrac{x}{\ell}\right)^2\right\}^{\frac{3}{2}}} \tag{2・8}$$

となる．すなわち，C 点の各変位における **無次元加速度** が得られる．

ここで，式 (2・3) の運動方程式に戻り，左辺にある加速度の項である二次の導関数を式 (2・7) で置き換えると，

$$\frac{w}{g}v^2\frac{2\ell^2}{(\ell^2 + x^2)\sqrt{\ell^2 + x^2}} \cdot \cos\theta = F - 2W \cdot \cos\theta \tag{2・9}$$

となる．また，幾何学的関係から，$\cos\theta = \dfrac{x}{\sqrt{\ell^2 + x^2}}$ であるから 式 (2・9) は，

$$\frac{w}{g}v^2\frac{2\ell}{(\ell^2 + x^2)\sqrt{\ell^2 + x^2}} \cdot \frac{x}{\sqrt{\ell^2 + x^2}} = F - 2W\frac{x}{\sqrt{\ell^2 + x^2}} \tag{2・10}$$

となり，これにより引き下げる力 F の変化を知ることができる．すなわち 式 (2・10) は，

$$F = \frac{w}{g}v^2\frac{2\ell^2 x}{(\ell^2 + x^2)^2} + 2W\frac{x}{\sqrt{\ell^2+x^2}} \tag{2・11}$$

となり，この 式 (2・11) を荷重 W で無次元化すると，

$$\frac{F}{W} = \left(\frac{v^2}{\ell g}\right)\frac{2\ell^2 x}{\ell^3\left\{1+\left(\dfrac{x}{\ell}\right)^2\right\}^2} + \left(\frac{x}{\ell}\right)\frac{2}{\sqrt{1+\left(\dfrac{x}{\ell}\right)^2}}$$

2・1　水平ロープの中央を垂直に牽引する荷物引き上げ解析

となる．さらに上式の右辺を整理すると，

$$\frac{F}{W} = 2\left(\frac{x}{\ell}\right)\left[\left(\frac{v^2}{\ell g}\right)\frac{1}{\left\{1+\left(\dfrac{x}{\ell}\right)^2\right\}^2} + \frac{1}{\sqrt{1+\left(\dfrac{x}{\ell}\right)^2}}\right] \qquad (2・12)$$

となる．ここで，**パラメータ（補助変数）**として $k = v^2/\ell g$ とすれば，結局，引き下げる力 F は変位 x に対して荷重 W の倍率として表わされ，特定の引き下げ速度 v やロープ長さ ℓ によってパラメータ k が決められ，装置の特性が以下の関係で評価される．

$$\therefore \left(\frac{F}{W}\right) = 2\left(\frac{x}{\ell}\right)\left\{\frac{k}{\left\{1+\left(\dfrac{x}{\ell}\right)^2\right\}^2} + \frac{1}{\sqrt{1+\left(\dfrac{x}{\ell}\right)^2}}\right\} \qquad (2・13)$$

式（2・13）の計算結果が 図2・2 である．ここではパラメータ k が, 0.5, 2, 4, 6 の場合を示した．

● 考察

① 水平に張られたロープの中央に垂直な力を加えれば簡単にたわむことは経験から理解できる．またその釣り合いは，任意の状態で"力の平行四辺形"を適用することで静力学的に求められる．ところが，この静的釣り合いに運動を取り入れることに興味が持たれる．すなわち，運動方程式の確立である．運動方程式には質量と加速度，その加速度を引き起こすための外力が必要である．この三つの物理量を 図2・1 の幾何学的寸法から引き出すことである．

② 荷重は一定でロープの形状が変わることは外力の働きによるものであるからその形状変化を考慮して釣り合い式を求める．

③ 荷重に対する引き上げ力は，水平ロープの中央を引き下げることであるから小さい力で荷物を引き上げられると考えられたが，図2・2で示したように荷重以上の力を必要とする範囲が広いことが分かった．

④ 引き上げる力に最大値が現れることが分かった．その値は，加速度パラメータ k によって異なる．

2・2　牽引車による荷物引き上げ速度と加速度の変化

[幾何学的関係から運動の基本的量である速度，加速度を求める方法]

高さ H の天井に固定されている滑車を通して床におかれた貨物 A を，床面に対して水平に走行する**牽引車で引き上げられる貨物**の引き上げ速度および加速度を時間に

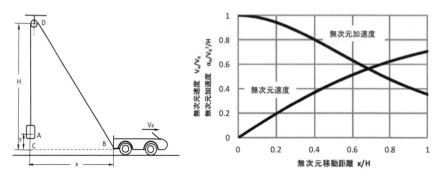

図2・3　貨物の牽引車のよる引き上げ [1]　　図2・4　無次元引き上げ速度と加速度の変化

関係のない幾何学的長さ H と移動距離 x を使用して求める．ただし，牽引車の速度は一定とする．図2・3における記号は，H：天井までの高さ，x：水平移動距離，y：垂直引き上げ高さ，V_B：牽引車の水平速度，V_A：貨物の垂直引き上げ速度，$α_A$：貨物の垂直

2・2　牽引車による荷物引き上げ速度と加速度の変化

引き上げ加速度である.

2・2・1　運動と幾何学的関連

水平移動距離 x は運動学の基本から，牽引車の水平速度 V_B と時間 t との積，

$$x = V_B \cdot t \tag{2・14}$$

で示される. また，時刻 t における貨物の床面からの垂直引き上げ高さ y は，斜めのロープ長さ（$= \sqrt{H^2 + x^2}$）から出発前のロープ長さ H を引いたものである. すなわち，

$$y = \sqrt{H^2 + x^2} - H \tag{2・15}$$

である.

2・2・2　無次元引き上げ速度

貨物の垂直引き上げ速度 V_A は，垂直引き上げ高さ y を時間 t で微分することで求められる. しかしこの場合，式 (2・15) は $y = x(t)$ なる合成関数であるから，その微分法にしたがって，

$$V_A = \frac{dy}{dt} = \frac{dy}{dx} \cdot \frac{dx}{dt} = V_B \cdot \frac{dy}{dx} = V_B \cdot \frac{d}{dx}\left(\sqrt{H^2 + x^2} - H\right) \tag{2・16}$$

で定まる. ここで，式 (2・16) の微分項は，

$$\frac{d}{dx}\left(\sqrt{H^2 + x^2} - H\right) = \frac{1}{2}\left(H^2 + x^2\right)^{-\frac{1}{2}} \cdot 2x = \frac{x}{\sqrt{H^2 + x^2}} \tag{2・17}$$

となる. したがって 式 (2・16) の垂直引き上げ速度 V_A は，次のようになる.

$$V_A = V_B \cdot \frac{x}{\sqrt{H^2 + x^2}} \tag{2・18}$$

V_B を基準速度と考えて 式 (2・18) を無次元の形式にすると，引き上げ速度は

$$\frac{V_A}{V_B} = \left(\frac{x}{H}\right)\frac{1}{\sqrt{1 + \left(\frac{x}{H}\right)^2}} \tag{2・19}$$

第 2 章 ロープを使った運動の解析

となる.

2・2・3 無次元引き上げ加速度

垂直引き上げ加速度 α_A は,速度の時間微分によって 式 (2・16) と同様な方法で求められる. すなわち,

$$\alpha_A = \frac{dV_A}{dt} = \frac{dV_A}{dx}\frac{dx}{dt} = V_B \cdot \frac{dV_A}{dx} \qquad (2 \cdot 20)$$

ここで,式 (2・20) の右辺 dV_A/dx は,式 (2・18) を微分することであるから

$$\frac{dV_A}{dx} = \frac{d}{dx}\left(\frac{xV_B}{\sqrt{H^2+x^2}}\right) = V_B \frac{\sqrt{H^2+x^2} - x \cdot \dfrac{1}{2}\dfrac{2x}{\sqrt{H^2+x^2}}}{H^2+x^2} = V_B \cdot \frac{H^2}{\left(H^2+x^2\right)\sqrt{H^2+x^2}} \qquad (2 \cdot 21)$$

となる. したがって,垂直引き上げ加速度 α_A は 式 (2・20) と 式 (2・21) より,

$$\alpha_A = V_B^2 \cdot \frac{H^2}{\sqrt{\left(H^2+x^2\right)^3}} \qquad (2 \cdot 22)$$

が得られる.

無次元引き上げ速度と同様無次元加速度にするために,式 (2・22) の右辺において V_B^2/H は加速度と同じ単位となる. そこで,式 (2・22) の両辺を V_B^2/H で割ると,次のような **無次元加速度** が得られる. すなわち,

$$\frac{\alpha_A}{\left(\dfrac{V_B^2}{H}\right)} = \frac{1}{\sqrt{\left(1+\left(\dfrac{x}{H}\right)^2\right)^3}} \qquad (2 \cdot 23)$$

となる.

図 2・4 に,無次元移動距離に対する引き上げ **無次元速度** と **無次元加速度** の変化を示した. 横軸は牽引車の無次元移動距離 x/H で,その範囲は $x/H = 0〜1$ である. 図より,移動開始点における速度はゼロである. しかし,加速度は最大であることが分

2・2 牽引車による荷物引き上げ速度と加速度の変化

かる．これは静止から運動へと移行するとき，慣性効果が現れるためである．その後，引き上げ速度が緩やかに増加するため加速度は減少し，最終的には無次元加速度は $\alpha_A / (V_B{}^2 / H) = 0.35$ となる．以上のように，幾何学的寸法から **微分法** を用いて速度，加速度が求められ，その結果を比の形式で表示すると具体的な数値を与えなくとも運動全体の特性を知ることができる．このように **無次元表示** は，具体的な数値を用いることなく基準値に対する割合として任意移動点の速度，加速度を容易に推定することができる．

このことから，今仮に，牽引車の水平速度を $V_B = 5\,m/sec$，天井までの高さを $H = 20\,m$ とし，移動距離が中間点の $x/H = 0.5$ であれば 式 (2・19)，式 (2・23) より

$$V_A = 0.447\,V_B$$

$$\alpha_A = 0.716\,(V_B{}^2/H)$$

が得られる．このように運動途中の速度，加速度の割合が容易に求められる．

● 考察

① 速度と移動距離を基本として，移動距離と垂直引き上げ高さの幾何学的関係を求める．

② 幾何学的寸法から合成関数の微分法を用いて，引き上げ速度および加速度の式を求める．その結果が 式 (2・18)，式 (2・22) である．

③ 無次元速度は 式 (2・19) から

$$\frac{V_A}{V_B} = \left(\frac{x}{H}\right)\frac{1}{\sqrt{1+\left(\dfrac{x}{H}\right)^2}}$$

であり，無次元加速度は 式 (2・22) の右辺から加速度と同じ単位を作ると $V_B{}^2/H$ となる．これで左辺を割ると，前掲の 式 (2・23) である

$$\frac{\alpha_A}{V_B{}^2/H} = \frac{1}{\sqrt{\left(1+\left(\dfrac{x}{H}\right)^2\right)^3}}$$

第 2 章　ロープを使った運動の解析

なる無次元加速度が得られる．

④ 図 2・4 は，式（2・19）と 式（2・23）の計算結果である．速度はゼロから出発する曲線で示され，加速度は 1 から 0.3 へと減少する様子が示されている．

⑤ 水平牽引速度が一定でも，引き上げ速度は一定でない．速度が一定でない運動を **加速度運動** という．重力の働く落下運動は重力一定のもとで物体が落下するがその運動は等加速度運動である．この引き上げ運動は 図 2・4 から分かるように車は一定速度であるが貨物は非等速運動である．

⑥ 荷物が天井に近くなると引き上げ加速度が減少することから，それを引き上げる力は **Newton の第二法則**（質量 × 加速度＝力）から減少することが分かる．

以上，単一な現象でも，幾何学的，基本的微分法など，原理，法則を活用することで速度，加速度の特性が求められることが理解される．

[補]

● ロープの張力 T

運動する物体に働く力は，**Newton の第二法則** によって求められる．すなわち，" 質量 × 加速度 ＝ 力 " の法則である．ロープに働く力，この場合はロープの **張力 T** の変化を求めることである．ここでは次式が成り立つ．

$$T - W = m\alpha_A \tag{2・24}$$

ここに，T：求めるロープの張力，W：引き上げる物体の荷重（m・g），m：質量，α_A：引き上げられる物体の加速度，g：重力加速度から，式（2・24）は，

$$
\begin{aligned}
T &= mg + m\alpha_A \\
&= mg\left\{1 + \frac{V_B^2}{g}\right\}\frac{H^2}{\sqrt{\left(H^2 + x^2\right)^3}}
\end{aligned}
\tag{2・25}
$$

が得られる．ここで張力 T を荷重（mg）で無次元化すると

2・2　牽引車による荷物引き上げ速度と加速度の変化

$$\frac{T}{mg} = 1 + \frac{V_{\mathrm{B}}^2}{gH} \frac{1}{\sqrt{\left\{1+\left(\dfrac{x}{H}\right)^2\right\}^3}} \tag{2・26}$$

となる．$\beta = \dfrac{V_{\mathrm{B}}^2}{gH}$ なる **無次元パラメータ**（補助変数）を β，また $\lambda = \dfrac{x}{H}$ とすると

式 (2・26) は

$$\frac{T}{mg} = 1 + \beta \frac{1}{\sqrt{\left(1+\lambda^2\right)^3}} \tag{2・27}$$

となり，**無次元ロープ張力**（T/mg）の移動距離に対する特性式が得られる．

● 牽引車の動力

　ここでロープの張力 T の地面に対する向きは，牽引車の移動とともに変化する．したがって牽引車に働く牽引力を T_B，ロープと地面とのなす角を θ とすると，

$$T_B = T \cdot \cos\theta \tag{2・28}$$

となる．$\cos\theta$ は 図2・3 の幾何学的関係から

$$\cos\theta = \frac{x}{\sqrt{H^2+x^2}} = \left(\frac{x}{H}\right)\frac{1}{\sqrt{1+\left(\dfrac{x}{H}\right)^2}} \tag{2・29}$$

であるから，**無次元パラメータ** $\lambda,\ \beta$ を用いて，式 (2・27)，式 (2・29) を 式 (2・28) に代入すると，牽引車の無次元牽引力 T_{B}/mg を求める次式が得られる．すなわち，

$$\frac{T_B}{mg} = \left\{1 + \beta \cdot \frac{1}{\sqrt{\left(1+\lambda^2\right)^3}}\right\} \cdot \left(\frac{x}{H}\right)\frac{1}{\sqrt{1+\left(\dfrac{x}{H}\right)^2}}$$

$$= \frac{\lambda}{\sqrt{1+\lambda^2}} \cdot \left\{ 1 + \beta \cdot \frac{1}{\sqrt{\left(1+\lambda^2\right)^3}} \right\} \qquad (2\cdot30)$$

となる.この結果を 図2・5 に示した.ただし,無次元パラメータ β = 0.05, 0.25, 0.5 について示したもので,この時の牽引車の速度は,約 3 m / sec, 7 m / sec および 10 m / sec とした場合である.牽引車の牽引に関わる動力は,これに速度を掛ければ良い.

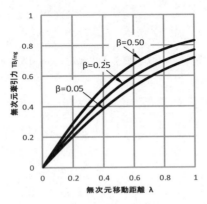

図2・5 移動距離に対する牽引力の変化

第2章 参考文献

(1) J.L.Meriam : MECHANICS Part Ⅱ DYNAMICS (1952) John Wily & Son, Inc.

第3章　塑性加工の基礎的特性解析
― 摩擦と内部応力 ―

3・1　圧延ローラーの素材引き込み限界厚さ
[摩擦力の扱い方と三角関数の展開による近似値と摩擦係数]

ローラー式圧延機において，直径 d，2つのローラー端の間隔が a の圧延機に，厚さ b の鋼板がローラーの摩擦によって圧延機に取り込まれるための鋼板の厚み b がいかなる関係にあるかを考察する．ただし，摩擦係数を μ，鋼板厚さ b とローラー端の間隔 a の差（$b-a$）はローラーの直径 d に比べて小さいと仮定する．

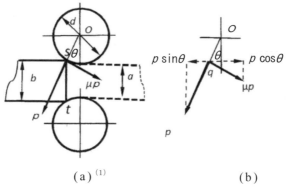

図3・1　(a)　厚さ b の鋼板がローラー間で厚さ a に圧延されるときの q 点におけるローラー面からの圧力 p および摩擦力の働く様子を示す．
(b)　鋼板取り込み点 q における圧力 p および摩擦力 $\mu \cdot p$ の水平分力成分

第 3 章　塑性加工の基礎的特性解析

　図3・1に鋼板 b がローラーによって厚さ a に圧延されている様子を示すと共に，厚さ b の鋼板が直径 d のローラーに食い込まれる接触点を q で示した．接触点 q に働く力はローラーから鋼板に向かって p なる圧力が，ローラーの中心 O 点と q を結ぶ半径方向に働く．他方，鋼板をローラーに引き込むには，鋼板を水平方向に押し込むための外力が必要である．ここでは，厚さ b の鋼板が q 点でローラー面と接触してその点に働く **摩擦力** によって引き込まれるものとする．この **摩擦力** は，斜面に働く摩擦力と同じで，面に対し垂直な力で，斜面では荷重の斜面に対する垂直分力と **摩擦係数** μ との積で与えられる．ローラーの場合は，ローラーの接触点においてローラーの中心を通る法線方向の圧力 p が斜面に対する荷重の垂直成分と一致するから，この圧力に摩擦係数を掛けたものが q 点における摩擦力となる．

3・1・1　摩擦力の働き

　この **摩擦力** の水平分力で鋼板はローラーに引き込まれることとなる．乗客用エスカレーターの両サイドにあるベルトで物が引き込まれるのもこの種の摩擦力によるものである．図3・1（b）は，鋼板がローラーに引き込まれる直前の鋼板エッジ点 q に働いている圧力 p および摩擦力 $\mu \cdot p$ とそれらの水平分力を示している．これら2力の釣り合い式は

$$p \cdot \sin\theta \leq \mu \cdot p \cdot \cos\theta \tag{3・1}$$

で与えられる．

3・1・2　摩擦係数と接触角

　式（3・1）より，両辺にある圧力 p は消去され，接触点 q 点における摩擦係数 μ と鋼板のエッジとローラーのなす角度 θ の関係が得られる．すなわち 式（3・1）は θ が小さいとき，

$$\tan\theta \leq \mu, \qquad \therefore \theta \leq \mu \tag{3・2}$$

となる．

3・1　圧延ローラーの素材引き込み限界厚さ

3・1・3　圧延厚さの近似値

他方，鋼板の厚さ b と鋼板が圧延される厚み a との関係は，幾何学的に

$$\frac{b-a}{2} = \frac{d}{2} - \frac{d}{2}\cos\theta, \quad b-a = d(1-\cos\theta) \tag{3・3}$$

となる．ここで，$\cos\theta$ の **級数展開** とその近似値は，

$$\cos\theta = 1 - \frac{1}{2!}\theta^2 + \frac{1}{4!}\theta^4 + \cdots = 1 - \frac{1}{2}\theta^2 \tag{3・4}$$

であり，この近似値を採用すると，式 (3・3) に示した鋼板の厚さ b と鋼板が圧延される厚さ a との関係は，

$$b = a + \frac{d}{2}\theta^2 \tag{3・5}$$

となる．

3・1・4　圧延厚さと摩擦係数

取り込む鋼板の先端の角がローラーに接触する角度 θ は，前掲の 式 (3・2) より **摩擦係数** で近似されるから，式 (3・5) の θ を摩擦係数 μ で置き換えると，鋼板の厚さ b と鋼板が圧延される厚み a との関係は，

$$b = a + \frac{1}{2}d\mu^2 \tag{3・6}$$

となる．ここで，ローラー直径 d に対する圧延鋼板厚さ b の比を補助変数 $\beta\,(=d/b)$ とすると，式 (3・6) は，

$$\left(\frac{a}{b}\right) = 1 - \frac{1}{2}\beta\mu^2 \tag{3・7}$$

となる．

第3章　塑性加工の基礎的特性解析

3・1・5　圧延厚さの特性

ローラー直径に対する鋼板厚さをパラメータとし，摩擦係数 μ に対する **圧延厚さ比** (a/b) の変化を求めると，図3・2 のようになる．

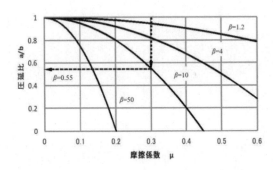

図3・2　摩擦係数 μ に対する圧延厚さ比 (a/b)

● 考察

① 圧延に圧力 p が直接関わっていないが，鋼板は **摩擦力** で引き込まれるのであるから，摩擦力の発生にはそれに対応して垂直力が必要となる．ここでは，圧力 p の大きさについては規定しないで，仮定するだけで結論を得ることができることに興味が持たれる．

② 図3・1では鋼板のエッジとローターのなす角度 θ を大きく描いているが 式 (3・2) で示されるように摩擦係数とほぼ同じ値であるから，その角度は小さいものである．

③ 鋼板は，摩擦力のみでローラーに引き込まれるのであるが，圧延量は 式 (3・7) で示されるように **摩擦係数** の二乗であるから，より小さい値となる．

④ 結論を得るために **級数展開** を用いたが，近似値としては有効な方法である．

3・2　引き抜きダイス内の応力分布

3・2　引き抜きダイス内の応力分布 ── 破断しない限界引き伸ばし厚さ ──
[ダイス内部の部材に働く応力とダイス壁面の圧力および摩擦力による釣り合い式]

塑性加工 のひとつとして，**引き抜きダイス** を通して板厚を薄く，あるいは線材の径を細く，さらにはL型やH型の形状材にする方法がある．この加工の過程において，ダイス内で素材が所定の形状に順次変形する様子は想像できるが，内部の力学的関係は**塑性変形** という弾塑性学の分野に属し，立ち入った考察はし難い．

　ここでは，ダイス内で起こる摩擦力の扱いに注目し，引き抜きの際のダイス内における応力変化や引き抜き力，さらに限界引き伸ばし厚さなどを調べることにする．また，理想ダイスの最小絞り比 (h_2/h_1) が $1/e$ の値になることを示す．ただし，$e = 2.71827$ である．

3・2・1　ダイス内の微小部に働く応力の釣り合い式

　部材内部の力を調べるには，微少部に働く応力の釣り合い式を求めることから始める．図3・3でダイスの入り口厚さをh_1，引き抜かれ部材の厚さをh_2で示している．ダイス入口からxの位置，A面から微小幅dxのB面を考えて，A面，B面それぞれのダイス内の厚さを$h+dh$，およびhとする．またA，B両面に働く応力を$\sigma+d\sigma$，σとする．また，微小幅dxにはダイス面より直角に圧力 p が働き，さらに微小幅dxの面に沿って圧力 p に摩擦係数 μ を掛けた **摩擦力** が働いている．

　ダイス内の微小部には，応力，圧力，摩擦力が働いていることが分かるが，この三つの力による釣り合い式は，図3・3 (b)で示した圧力 p と摩擦力 $\mu \cdot p$ の軸方向成分とA，B両面に働く応力$\sigma+d\sigma$とσで求められ，式 (3・8) のようになる．

$$(h+dh)(\sigma+d\sigma) = h\sigma + 2p \cdot \sin\alpha \cdot dx + 2\mu \cdot p \cdot \cos\alpha \cdot dx \tag{3・8}$$

ここでαは小さいため，$\sin\alpha = \alpha$，$\cos\alpha = 1$とし，さらに$dh \cdot d\sigma$ は微小量の積であるから省略すると

$$(h d\sigma + \sigma dh) = 2(\alpha + \mu) p dx \tag{3・9}$$

となる.

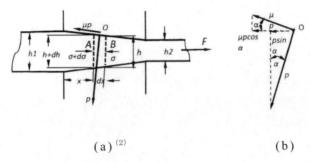

(a)[(2)]　　　　　　　　　(b)

図3・3　ダイス内の微小部に応力およびダイス表面に働く圧力と摩擦力

式 (3・9) は，ダイス内の位置 x によって変化するダイス幅 h と応力 σ を含む次のような簡単な **微分方程式** となる．

$$\frac{d(h\sigma)}{dx} = 2(\alpha + \mu)p \tag{3・10}$$

ここで，式 (3・10) は，x の変化につれてダイス幅 h および応力 σ も変わるのでダイスの幾何学的関係から 式 (3・10) の dx を消去し，h と σ の関係式にする．それにはダイス内の x の位置におけるダイス内厚さ h は，ダイスの勾配 α とダイス入り口幅 h_1 から，ダイス内の微小幅 dx は 式 (3・11) となる．

$$h = h_1 - 2\alpha x, \quad dh = -2\alpha dx, \quad \therefore dx = -\frac{1}{2\alpha}dh \tag{3・11}$$

この 式 (3・11) の dx を 式 (3・10) に代入すると

$$-\alpha \frac{d(h\sigma)}{dh} = (\alpha + \mu)p \tag{3・12}$$

が得られる．

ここで，塑性理論から材料の **降伏点応力** を σ_{crit} とすると，ダイス内の応力 σ はダイス面圧 p との差になるから 式 (3・13) が成り立つ．

3・2 引き抜きダイス内の応力分布

$$\sigma = \sigma_{crit} - p, \qquad\qquad \therefore p = \sigma_{crit} - \sigma \qquad\qquad (3\cdot13)$$

式 (3・13) を 式 (3・12) に適用すると，式 (3・12) のダイス面の圧力 p が消去され

$$-\alpha\frac{d(h\sigma)}{dh} = (\alpha + \mu)(\sigma_{crit} - \sigma) \qquad\qquad (3\cdot14)$$

となり，式 (3・14) の両辺を $-\alpha$ で割り，マイナスを σ の項に入れると，

$$\frac{d(h\sigma)}{dh} = \left(1+\frac{\mu}{\alpha}\right)(\sigma - \sigma_{crit}) \qquad\qquad (3\cdot15)$$

となる．式 (3・15) の左辺は $\dfrac{d(h\sigma)}{dh} = \sigma\dfrac{dh}{dh} + h\dfrac{d\sigma}{dh} = \sigma + h\dfrac{d\sigma}{dh}$ であるから，この関

係式で置き換えると

$$\sigma + h\frac{d\sigma}{dh} = \left(1+\frac{\mu}{\alpha}\right)(\sigma - \sigma_{crit}), \qquad\qquad \therefore h\frac{d\sigma}{dh} = \frac{\mu}{\alpha}\sigma - \left(1+\frac{\mu}{\alpha}\right)\sigma_{crit} \qquad (3\cdot16)$$

となる．式 (3・16) の最後の式は，h と σ の関数であり，変数分離形の微分方程式である．積分は定積分で積分の範囲は，応力 σ がダイス入口直前 $h=0$ で $\sigma=0$，ダイス内の x 点のダイス内厚さ $h=h$ において $\sigma = \sigma$，また，ダイス内厚さに関しては h_1 から h となるから，

$$\int_0^\sigma \frac{d\sigma}{\dfrac{\mu}{\alpha}\sigma - \left(1+\dfrac{\mu}{\alpha}\right)\sigma_{cri}} = \int_{h_1}^h \frac{dh}{h} \qquad\qquad (3\cdot17)$$

となる．この積分の左辺は **変数分離形の定積分** で解は対数関数，右辺もその解は対数関数であるから，

$$\sigma = \left(1+\frac{\alpha}{\mu}\right)\left\{1 - \left(\frac{h}{h_1}\right)^{\frac{\mu}{\alpha}}\right\}\sigma_{crit} \qquad\qquad (3\cdot18)$$

となる (3・2・6 節参照)．この 式 (3・18) が，ダイス内の厚さ比 (h/h_1) に対する応力 σ の変化を与える式である．

68

第3章　塑性加工の基礎的特性解析

3・2・2　ダイス内無次元引き抜き応力

式（3・18）の両辺を降伏点応力 σ_{crit} で割ると，

$$\frac{\sigma}{\sigma_{crit}} = \left(1 + \frac{\alpha}{\mu}\right)\left\{1 - \left(\frac{h}{h_1}\right)^{\frac{\mu}{\alpha}}\right\} \tag{3・19}$$

となり，ダイス内軸方向の **無次元応力** が絞り厚さ比の変化で求められる．

3・2・3　無次元引き抜き力

引き抜き力は，ダイス出口直後の部材断面厚さ h_2 と応力 σ との積で与えられるから，式（3・18）より

$$\frac{F}{h_2\sigma_{crit}} = \left(1 + \frac{\alpha}{\mu}\right)\left\{1 - \left(\frac{h_2}{h_1}\right)^{\frac{\mu}{\alpha}}\right\} \tag{3・20}$$

が得られる．

　図3・4は，式（3・19）で示したダイス内の応力変化を引き抜き厚さ比で示したものであるが，式（3・19）と 式（3・20）の右辺は同じである．したがって，応力変化も引き抜き力の変化も同じ特性曲線であることは言うまでもない．

　さて，応力および引き抜き力のダイス内引き抜き厚さ比に対する **特性曲線** を得るためには，ダイス角 α と摩擦係数 μ とを特定しなければならない．その場合，ダイス角 α と摩擦係数 μ との代表値を用いる方法もあるが，幸いダイス角はラジアンで計算されるから式中に見られる α/μ には単位がない．そこで，α/μ の次の三種の場合に関して，その特性を調べることにする．すなわち，

$$\alpha/\mu < 1, \qquad \alpha/\mu = 1, \qquad \alpha/\mu > 1 \tag{3・21}$$

である．

3・2 引き抜きダイス内の応力分布

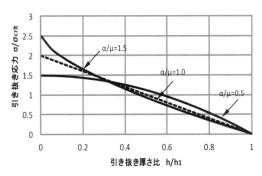

図 3・4 ダイス内引き抜き厚さ比 h/h_1 に対する引き抜き応力の変化

図 3・4 では $\alpha/\mu=1$ を中間値とし, $\alpha/\mu<1$ の領域においては代表値として 0.5 を採用し, $\alpha/\mu>1$ に対しては 1.5 を採用した. その結果, ダイス角度と摩擦係数とが等しい組み合わせの場合, 引き抜き厚さ比に対して応力は直線的に減少することが分かった. $\alpha/\mu<1$ と $\alpha/\mu>1$ の変化は対照的で, 前者は飽和曲線を描いて減少し, 後者は反対の傾向をもって減少することが分かった. 但し, ダイス内を引き抜かれてゆくことは, 引き抜き厚さ比が 1 から減少してゆくことであることは理解しておく必要がある.

この解析結果の信頼性については, ダイスを用いた実際の塑性加工における結果と比較することが必要であるが, ここでは解析の意義だけを示しておく. 次に, 引き抜きの限界厚みについて考察をする.

3・2・4 限界引き抜き厚さ

引き抜きの限界は, 引き抜き力あるいは引き抜き応力によって, 引き抜かれる部材が破断するときである. したがってその破断は, 引き抜き応力と部材の破断限界応力とが一致したときに起こる. すなわち, $\sigma/\sigma_{crit}=1$ になるときである. この条件を 式 (3・19) に適用すると左辺が 1 となり, 右辺はこれを超えないから不等号を用いて,

第3章　塑性加工の基礎的特性解析

$$1 \geq \left(1 + \frac{\alpha}{\mu}\right)\left\{1 - \left(\frac{h}{h_1}\right)^{\frac{\mu}{\alpha}}\right\} \tag{3・22}$$

となる. 式 (3・22) から摩擦がないときの引き抜き限界厚さ比は, $\mu \to 0$ とし, $\mu/\alpha = z$, 自然対数の底となるネイピア数を e とすると, 代数的に

$$\left(\frac{h_2}{h_1}\right) \leq \frac{1}{\left(1 + \dfrac{\mu}{\alpha}\right)^{\frac{\alpha}{\mu}}} = \frac{1}{(1+z)^{\frac{1}{z}}} = \frac{1}{e} = 0.3678 \tag{3・23}$$

となり, その最小値が e の逆数として求められる.

3・2・5　応力の軸方向分布

ダイス内厚さ h は, ダイスの勾配 α と軸方向距離 x との幾何学的関係から 式 (3・11) 同様, 次式で与えられる.

$$h(x) = h_1 - 2\alpha x \tag{3・24}$$

これを 式 (3・19) 代入すると, ダイス内の軸方向応力分布の式が得られる.

$$\frac{\sigma}{\sigma_{crit}} = \left(1 + \frac{\alpha}{\mu}\right)\left\{1 - \left(1 - 2\frac{\alpha x}{h_1}\right)^{\frac{\mu}{\alpha}}\right\} \tag{3・25}$$

ここで, ダイス角 $\alpha = 20°$ (0.349 ラジアン) とし, 摩擦係数 μ を 0.05, 0.2, 0.4 と変え, 素材厚さ $h_1 = 20\,\mathrm{mm}$, ダイス幅 $L = 12\,\mathrm{mm}$ とした時のダイス内の軸方向応力分布を 式(3・25)で求め, その結果を 図3・5 に示した. 縦軸は **無次元応力** である.

3・2 引き抜きダイス内の応力分布

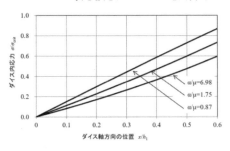

図3・5 引き抜き軸方向の位置におけるダイス内応力への α/μ による変化

● 考察

① ダイス内の微小幅に対する応力の軸方向釣り合い式において，ダイス面からの圧力は面に対して直角である．この圧力による摩擦力は1・1節の斜面の力学でも触れているが摩擦面に直角な力で，この場合は圧力がその条件を満たしており，それに摩擦係数を掛けた値の軸方向成分によって構成されている．

② 釣り合い式を整理すると，変数分離形の微分方程式が導かれた．この方程式は定積分によってその解が得られる．その際，ダイス入り口厚さ h_1 に対して応力は，$\sigma = 0$ であり，ダイス内の任意位置におけるダイス内厚さ h における応力を σ とした．

③ ダイス内の応力変化や引き抜き力の変化はともにダイス内の引き抜き厚さ比を用いて無次元で示した．

④ ダイス内の応力および引き抜き力の変化は，ダイス角度 α と摩擦係数 μ との比で定まるので，それらの特性を α/μ の比，すなわち，$\alpha/\mu<0$，$\alpha/\mu=1$，$\alpha/\mu<1$ について調べた．そこでは，ダイス内の厚さ比 h/h_1 の変化で示したが，$\alpha/\mu=1$ においては直線的な変化であった．$\alpha/\mu<0$ では飽和型の曲線，$\alpha/\mu<0$ においてはその逆の特性をもつ曲線になった．

⑤ 軸方向の応力変化は，ダイス角 α を20°（0.349 ラジアン）一定とし，素材厚さ $h_1 = 20$ mm，ダイス幅 $L = 12$ mm（$L/h_1 = 0.6$）の場合，④項で述べた三条

第3章　塑性加工の基礎的特性解析

件（ $\alpha/\mu<0$, $\alpha/\mu=1$, $\alpha/\mu<1$ ）を満たすような摩擦係数を選び，式（3・25）を用いて計算を試みた．その結果，摩擦係数による応力の変化はいずれもほぼ直線的であることが分かった．また，ダイス末端における応力比も応力の限界値以下（ $\sigma/\sigma_{crit}<1$ ）であることも分かった．

⑥　摩擦係数がゼロ（ $\mu=0$ ）の理想的なダイスにおける最大絞り比は，式（3・23）で示したように素材寸法の約36 %までが限界である．すなわち，破断しない $k>\sigma$ を満たす引き抜き厚さ比は，約3分の1である．

3・2・6　変数分離形の定積分

$$\int_0^\sigma \frac{d\sigma}{\dfrac{\mu}{\alpha}\sigma-\left(1+\dfrac{\mu}{\alpha}\right)k}=\int_{h_1}^h \frac{dh}{h}$$

$$\left[\frac{\alpha}{\mu}\ln\left\{\frac{\mu}{\alpha}\sigma-\left(1+\frac{\mu}{\alpha}\right)k\right\}\right]_0^\sigma=\left[\ln(h)\right]_{h_1}^h$$

$$\frac{\alpha}{\mu}\ln\left\{\frac{\mu}{\alpha}\sigma-\left(1+\frac{\mu}{\alpha}\right)k\right\}-\frac{\alpha}{\mu}\ln\left\{-\left\{1+\frac{\mu}{\alpha}\right\}k\right\}=\ln h-\ln h_1$$

$$\ln\left\{\frac{\dfrac{\mu}{\alpha}\sigma-\left(1+\dfrac{\mu}{\alpha}\right)k}{-\left(1+\dfrac{\mu}{\alpha}\right)k}\right\}=\ln\left(\frac{h}{h_1}\right)^{\frac{\mu}{\alpha}}$$

$$\frac{\mu}{\alpha}\sigma-\left(1+\frac{\mu}{\alpha}\right)k=-\left(1+\frac{\mu}{\alpha}\right)k\left(\frac{h}{h_1}\right)^{\frac{\mu}{\alpha}}$$

$$\therefore \sigma=\left(1+\frac{\alpha}{\mu}\right)\left\{1-\left(\frac{h}{h_1}\right)^{\frac{\mu}{\alpha}}\right\}k$$

3・2 引き抜きダイス内の応力分布

第 3 章 参考文献

(1) J. L. Meriam : MECHANICS Part I STATICS (1952) John Wily & Son, Inc.

(2) T. V. カルマン/M. A. ビオ著, 村上勇次郎, 武田普一郎, 飯沼一男訳 : 工学における数学的方法, 上 (1983) 法政大学出版局

第4章 回転軸に取り付けられたロッドの特性
― 遠心力と分布 ―

4・1 垂直回転軸にロッドを斜め上向きにワイヤーで固定したときの特性
[ロッドを斜め上向きにワイヤーで固定したときの傾斜角, 回転数および張力の変化]

角速度 ω で回転する垂直軸に長さ L のロッドの一端が回転軸にピンで固定されている. 他の端はロッドを上向きに傾斜させるためワイヤーで回転軸につなげられている. ワイヤーの張力 T が, 垂直軸の角速度 ω やロッドの傾斜角 θ に対していかなる特性を示すか調べる.

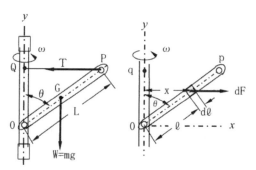

図4・1 回転する垂直軸に取り付けられた斜め上向きのロッド [1]

4・1・1 傾斜角 θ に対する無次元張力 (T/W) の特性

ロッドの重さは W である. ロッドは, 自重及び遠心力の大きさに拘わらず, ワイヤーによって傾斜角 θ が保たれている. この様子を 図4・1に示す. これより, ロッドの垂直軸上にある固定点 O のまわりに, 自重および遠心力によるモーメントと, ロッド

第4章　回転軸に取り付けられたロッドの特性

の一端を引っ張っている張力 T によるモーメントとが働いていることが分かる．すなわち，垂直軸の O 点回りに三つのモーメントが働いていることになり，それぞれの記号を，M_W：自重によるモーメント，M_C：遠心力によるモーメント，M_T：張力によるモーメントとすると，これら三つの **モーメント** は，次のような釣り合い式で示すことが出来る．

$$M_T = M_W + M_C \qquad (4 \cdot 1)$$

以下にロッドの傾斜角度 θ に対するこれら3つのモーメントを検討する．

（1）　M_W：自重（$W = mg$）によるモーメント

　ロッドの重さ W はロッドの中央にある重心に働く．回転軸から重心までの距離を x_G とすると，ロッドの長さが L であるから，これによるモーメントは，

$$Mw = x_G \cdot W, \qquad x_G = \frac{1}{2}L\sin\theta, \qquad \therefore M_W = \frac{1}{2}LW\sin\theta \qquad (4 \cdot 2)$$

となる．

（2）　M_C：遠心力（F_C）によるモーメント

　ロッドは剛体で重量は W であり，その質量は均一に分布している．このことから，傾斜角 θ を保持しながら回転しているロッドの各部には遠心力が働き，その大きさは，垂直回転軸から離れている各質量によって異なる値となる．しかし，ロッドは連続体であるから，任意点の質量に働く遠心力を求め，それをロッド全体について集めると，ロッドに働く全遠心力 F_C が得られる．このため，図4・1 の右側に示したように，ロッドの任意点（x, y）において微小質量 dm を考える．この微小質量に働く **遠心力** dF_C は，同図の幾何学的関係から，

$$dF_C = x\omega^2 \cdot dm、\quad x = \ell\sin\theta、\quad dm = \frac{W}{g}\frac{1}{L}d\ell、\quad \therefore dF_C = \frac{W}{g}\frac{1}{L}\omega^2 \cdot \sin\theta \cdot \ell d\ell \qquad (4 \cdot 3)$$

となる．したがって，微小質量 dm に働く遠心力による O 点まわりのモーメント dM_C は，

$$dM_C = y \cdot dF_C, \quad y = l\cos\theta, \quad \therefore dM_C = l\cos\theta \cdot l\sin\theta \cdot \omega^2 \frac{W}{g}\frac{1}{L}dl \qquad (4 \cdot 4)$$

4・1　垂直回転軸にロッドを斜め上向きにワイヤーで固定したときの特性

となる. 遠心力によるロッド全体のモーメント M_C は, 式 (4・4) をロッド全長である 0 から L まで積分すればよい. すなわち

$$M_C = \int_0^L dM_C = \frac{W}{g}\frac{1}{L}\omega^2 \sin\theta \cdot \cos\theta \int_0^L l^2 dl = \frac{W}{g}\frac{1}{L}\omega^2 \sin\theta \cdot \cos\theta \left[\frac{1}{3}l^3\right]_0^L \qquad (4・5)$$

であるから結果として,

$$M_C = \frac{1}{3}\frac{W}{g}L^2\omega^2 \cdot \sin\theta \cdot \cos\theta \qquad (4・6)$$

となる. 次に, 張力による O 点回りのモーメントを求める.

(3) M_T : 張力 (T) とそれによるモーメント

先ず, ワイヤーに働く張力 T による O 点まわりに働くモーメントは, 図 4・1 からも明らかなように,

$$M_T = T \cdot L\cos\theta \qquad (4・7)$$

で与えられる. これにより, ワイヤーで引っ張られ, 上向きに傾斜しているロッドの O 点まわりの三つのモーメントが, 式 (4・2), 式 (4・6), 式 (4・7) で示めされたことになる. すなわち, まとめて再掲すると次のようになる.

$$\begin{aligned} M_W &= \frac{1}{2}\cdot LW\sin\theta \\ M_C &= \frac{1}{3}\frac{W}{g}L^2\omega^2 \sin\theta\cos\theta \\ M_T &= T \cdot L\cos\theta \end{aligned} \qquad (4・8)$$

この三つのモーメントを 式 (4・1) に代入すると, 以下で示すようにワイヤーの張力 T の傾斜角 θ や加速度変数 β に対するモーメントの特性が調べられる. すなわち, 式 (4・1) は

$$M_T = M_W + M_C$$

であるから, この式に 式 (4・8) を代入すると, ワイヤーの張力 T を求める 式 (4・9) が得られる.

$$T \cdot L\cos\theta = \frac{1}{2}LW\sin\theta + \frac{1}{3}\frac{W}{g}L^2\omega^2 \sin\theta\cos\theta \qquad (4・9)$$

$$\therefore T = \frac{1}{2}W\tan\theta + \frac{1}{3}\frac{W}{g}L\omega^2 \sin\theta$$

第4章　回転軸に取り付けられたロッドの特性

これを無次元式にするには，左辺の T は力であり，右辺では荷重 W が力であるから，両辺を W で割る．また，右辺第二項の係数は，その単位から分かるように

$$L\omega^2 = \left[m \left(\frac{rad}{sec} \right)^2 \right] = \left[\frac{m}{sec^2} \right]$$

は加速度である．これを重力加速度（g）で割って比をとれば，式（4・9）の右辺第二項の係数は単位のない**無次元加速度変数**（補助変数）β で表すことが出来る．したがって，式（4・9）は，

$$\left(\frac{T}{W} \right) = \frac{1}{2}\tan\theta + \frac{1}{3}\beta\sin\theta \tag{4・10}$$

となる．

図4・2は，式（4・10）の加速度変数 β を 1，3，6，8，10 と変えたときの傾斜角 θ に対する張力（T/W）の **特性曲線** である．

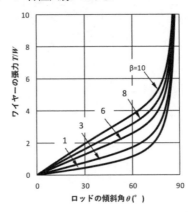

図4・2　傾斜角 θ に対する無次元張力 T/W の特性曲線

図4・2より，ロッドの傾斜角 θ に対する張力（T/W）に関する特性について，次のことが言える．

① 傾斜角 θ が 45°以下では，張力 T は直線的に増加する．
② 無次元加速度変数 β が増えても 40°以下であれば張力 T はロッドの重さの 2 倍程度である．

4・1 垂直回転軸にロッドを斜め上向きにワイヤーで固定したときの特性

③ 傾斜角 θ が 80° 以上になると，張力 T は急に増加する．
④ 張力 T の傾斜角 θ に対する増加に最大値がみられないが，90° に近づくと急激に増加する．このうち，ロッドの傾斜角 θ に対する張力の直線性について次に述べる．

4・1・2 特性曲線の直線での近似

特性曲線は，ロッドの傾斜角 θ に対して一定の区間であるが直線的に増加している．そこで，その直線性とその範囲を求める．それには，式 (4・10) を微分し各加速度変数における曲線の勾配 α を求めることとする．式 (4・10) を θ で微分すると 式 (4・11) を得る．

$$\alpha = \frac{d}{d\theta}\left(\frac{T}{W}\right) = \frac{1}{2}\frac{1}{\cos^2\theta} + \frac{1}{3}\beta\cos\theta \qquad (4・11)$$

式 (4・11) の右辺第二項にある β を 図4・2 と同じように 1, 3, 6, 8, 10 と変え，傾斜角 θ を 0〜90° まで変化させて勾配 α を求めた．その結果が 図4・3 である．

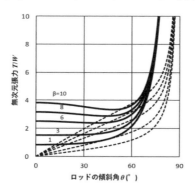

図4・3 微分勾配線（実線）と特性曲線（点線）

図4・3 の実線で示した曲線は，式 (4・11) の勾配 α を示す曲線である．傾斜角 θ がおおむね 0〜50° の範囲までは横軸にほぼ平行で一定の値を示していることが分かる．他方点線は，式 (4・10) の特性曲線で 図4・2 と同じものである．この曲線は，

傾斜角 θ に対して原点を通り，ほぼ直線的に増えている．他方，太線は式 (4・11) で求めた勾配値の曲線である．以下の 図 4・4 に示す直線の勾配 α は傾斜角 40° 以下の値を代数的に平均したものである．

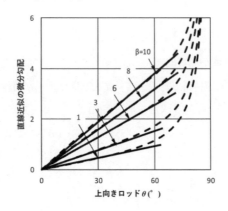

図 4・4　張力（T/W）の傾斜角 θ に対する直線性

明らかに特性曲線の一部を直線で近似することが可能であることが分かる．すなわち，前項の特性曲線のまとめにおいて，図 4・2 において傾斜角のある範囲においてその特性に直線性があることを述べたが，ここである程度その判断を裏付けることが出来た．

4・1・3　無次元加速度変数を与えたときのロッドの傾斜角 θ に対する張力の変化

式 (4・10) より，**無次元加速度変数** β を変数として，各傾斜角 θ に対する張力の値を求めると 図 4・5 のようになる．これより，張力 T は，垂直軸の回転数にほぼ比例することが分かる．

4・1 垂直回転軸にロッドを斜め上向きにワイヤーで固定したときの特性

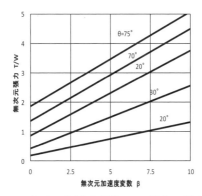

図4・5 無次元加速度変数 β に対する張力の変化

4・1・4 ロッドの傾斜角度に対する自重及び遠心力によるモーメントの特性

図4・6は，ロッドの傾斜角 θ に対する自重及び遠心力による垂直軸の固定点回りのモーメントの変化を示したものである．自重によるモーメント M_W は 式（4・2），遠心力によるモーメント M_C は 式（4・6）で示されている．

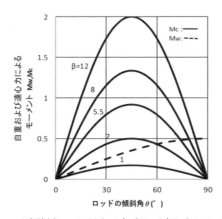

図4・6 ロッド傾斜角 θ に対する自重及び遠心力によるモーメントの変化

図4・6の点線の曲線が自重によるモーメントの変化である．式（4・2）で分かるとおり，このモーメントは無次元加速度変数 β に無関係であるからその特性は単純な正

第4章　回転軸に取り付けられたロッドの特性

弦関数で示されている．他方，5本の曲線は遠心力によるモーメントの変化を示したものである．これも式 (4・6) のように正弦と余弦の積であるが正弦の2倍角で得られる正弦曲線であり，無次元加速度変数によって図のような変化を示す．いずれも，モーメントは単調な正弦関数であり，この二つのモーメントが，図4・2に示されているように傾斜角が 90°になるとワイヤーの張力 T が無限になる特性を表す．このことから，簡単な装置でも，力学的にその特性を解析することの意義が見出されると考えられる．

4・1・5　全遠心力の作用点（ロッド上の座標）

ロッドの傾斜が変わると，ロッド内部の各点の垂直軸からの距離は変化する．したがって，ロッド内の微小部に働く遠心力は式 (4・3) で示されたが，全遠心力は，ロッドの全長にわたって積分して得られる．この力の作用点は，図4・7に示すように O 点回りのモーメントまたは，"重心の定義"より求められる．

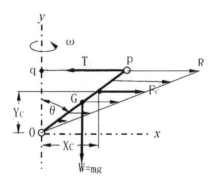

図4・7　遠心力及び自重 W の作用点とモーメントの腕

すなわち，

$$Y_C = \frac{\int_0^L y dF_C}{\int_0^L dF_C} = \frac{(4)式の積分値}{(3)式の積分値} = \frac{2}{3}L\cos\theta \quad (4・12)$$

$$X_C = \frac{2}{3}L\sin\theta$$

4・2　垂直回転軸に吊るされたロッドの固定点周りのモーメント解析

で定まる.

　これより，全遠心力の作用点はロッドの重心より外側にあり，図4・4で見たように回転数の増加と共にロッドの角度は，自重によるモーメントより全遠心力が優り外側に広がることも理解できる.

4・2　垂直回転軸に吊るされたロッドの固定点周りのモーメント解析
[遠心力の働きが回転軸からの距離によって変化する場合の扱い方]

　垂直な回転軸上に長さが L なるロッドの一端をピンで吊り下げた状態で回転する場合と，任意の角度で垂直回転軸に固定する場合の二通りについて検討し，前者ではロッドの傾斜角を，後者では固定点に働くモーメントの変化を検討する.

　いずれの場合も，垂直軸の回転によってロッドの傾斜角は固定点を中心に外向きに広がる. その傾斜角 θ は，垂直軸の角速度 ω の二乗に比例する **遠心力** （ **慣性力** とも言う）によるもので，この遠心力はロッドの各部に働き，回転垂直軸より離れるにしたがって大きくなる. また，垂直軸の固定点にロッドをピンによって取り付けた場合も，あるいは任意の角度で固定した場合も，ともに自重による **モーメント** と遠心力による **モーメント** の2つが働く. ここでは，自重と遠心力の2つの力の働きによるロッドの傾斜角 θ に対する固定点のモーメントの変化を，加速度変数 β を用いてその特性を示す.

　剛体であるロッドに替えて，ロッド状の細長い容器に混濁した液体を封入し，ロッドと同じように垂直軸に取り付けて回転させると，容器内の混濁した粒子は細長い容器の外周末端に集まり溶液は透明になる. これは，遠心力が混濁している各粒子にくまなく働くためである. 自重はロッドが傾斜していてもその質量の中心，すなわち重心に働くが，遠心力は傾斜しているロッド（ 剛体 ）の各部が回転軸から異なった距離にあるの

で，その大きさはロッド内の位置によって，あるいは傾斜角によっても異なる．したがって，ロッドに働く遠心力は 図4・8 の右に示したように，ロッドの取り付け点から先端に向かって直線的に増加し，その先端においてベクトルAB となり，その分布は三角形 OAB となる．このため，ロッドの固定点に作用する **モーメント** は，図4・8 の左に示したように，垂直軸に平行な自重（mg）によるモーメント（$+M$）と，垂直な回転軸に直角な方向の遠心力（F_C）によるモーメント（$-M_C$）の二つであることが分かる．

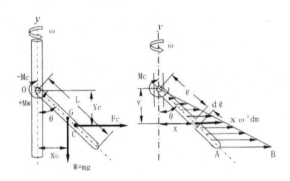

図4・8 垂直な回転軸にロッドの一端を取り付け回転したときの遠心力による傾斜 [3]

特に，遠心力によるモーメントは，ロッドの根元部から先端までの各部に遠心力が働くから，それを総合して遠心力（F_C）とその作用点（Y_C）を求める必要がある．以下に，その特性を示す．

4・2・1 ロッドをピンで垂直軸に取り付けた場合の加速度変数に対する傾斜角度 θ

ここでは重量Wのロッドを，回転する垂直軸のO点に自由に横ぶれ出来るようにピンで取り付け，**角速度** ω で回転したときの加速度変数に対するロッドの傾斜角 θ を求める．図4・8の左側は，角速度ωで回転したときの傾斜角θにおける（1）自重（$W=mg$）と，（2）遠心力（F_C）のO点回りの作用を示したものである．図では，自重に

85

4・2　垂直回転軸に吊るされたロッドの固定点周りのモーメント解析

よるモーメントの腕の長さをX_G，遠心力によるモーメントの腕の長さをY_Cで示している．後述するが，これら2つの腕の長さは，ロッドの傾斜角が増すにしたがって，互の増減は逆になることに留意する必要がある．

（1）自重WによるO点まわりのモーメントM_W

　図4・8の左図における幾何学的関係から，自重Wはロッドの重心に働き，そのモーメントは，回転軸から重心までの水平距離をX_Gとしているから傾斜角θに対して式（4・13）のように変化する．

$$x_G = \frac{1}{2} L \sin \theta \tag{4・13}$$

したがって，自重WによるO点まわりのモーメントM_Wは，

$$M_W = x_G \cdot W, \qquad \therefore M_W = \frac{1}{2} L \sin \theta \cdot W \tag{4・14}$$

となる．次に，遠心力によるモーメントを求める．

（2）　回転によって発生する遠心力とそのモーメントM_C

　図4・8の右図において，ロッド内に任意点を選びその座標をx，yとする．また，その点までの長さをℓ，その点を囲む微小長さを$d\ell$，その**微小質量を** $dm = \dfrac{W}{gL} d\ell$ と

すると，それに働く遠心力dF_Cは，（質量 × 半径 × 角速度^2）であるから次式のごとくとなる．

$$dF_C = dm \cdot x \cdot \omega^2, \qquad x = \ell \cdot \sin \theta,$$
$$\therefore \quad dF_C = \frac{W}{g} \omega^2 \sin \theta \cdot \frac{1}{L} \cdot \ell d\ell \tag{4・15}$$

微小質量dmに働くこの遠心力dF_Cは，O点回りにモーメントを発生する．腕の長さは図4・8の右に示したように，垂直回転軸に平行でロッドの取り付け点Oまでの垂直距離yである．したがって，微小質量によるモーメントdM_Cは，次のようになる．

第 4 章　回転軸に取り付けられたロッドの特性

$$dM_C = y \cdot dF_C, \qquad y = \ell \cdot \cos\theta,$$

$$\therefore \quad dM_C = \frac{W}{g}\omega^2 \sin\theta \cdot \cos\theta \cdot \frac{1}{L} \cdot \ell^2 d\ell \tag{4・16}$$

式 (4・16) のモーメントは，微小質量 dm に働く局所的な遠心力 dF_C で生じる O 点まわりのモーメント dM_C である．したがって，ロッド全体では，式 (4・16) の左辺を $0 \sim L$ まで積分する必要がある．

$$M_C = \int_0^L dM_C = \frac{W}{g}\omega^2 \sin\theta \cdot \cos\theta \frac{1}{L}\int_0^L \ell^2 d\ell = \frac{W}{g}\omega^2 \sin\theta \cdot \cos\theta \frac{1}{L}\left[\frac{1}{3}\ell^3\right]_0^L \tag{4・17}$$

$$\therefore M_C = \frac{1}{3}\frac{W}{g}L^2\omega^2 \sin\theta \cdot \cos\theta$$

式 (4・17) の M_C 値が，遠心力によるロッド全体で生じる O 点まわりのモーメントである．ロッドは，回転する垂直軸の O 点に振り子のごとく自由に横ぶれができるようにピンでと取り付けられているから，ロッドの傾斜角は 図4・8 の左図に示したように，向きの異なる二つのモーメント M_W と M_C が相等しくなる傾斜角 θ となる．すなわち,向きの異なる二つのモーメントが釣合い状態になる傾斜角 θ を保って回転することになる．したがってピンで吊るされたロッドの傾斜角は，式 (4・14) と 式 (4・17) で与えられるモーメントが等価となるところで，その傾斜角 θ は

$$M_c = M_W$$

$$\therefore \theta = \cos^{-1}\left(\frac{3}{2\beta}\right) \qquad (rad) \tag{4・18}$$

で与えられる．但し，後述するが，β は回転する垂直軸の角速度 ω を含む $\beta = L\omega^2/g$ なる **無次元加速度変数** （パラメータ）である．

　図4・9は，回転する垂直軸の角速度 ω を増加させたとき，すなわち，加速度変数 β を $0 \sim 10$ まで変えたときの二つのモーメントが互いに等しく,打ち消しあってゼロとなるときのロッドの傾斜角を示したものである．β が $0 \sim 3/2$ の区間では，式 (4・

4・2 垂直回転軸に吊るされたロッドの固定点周りのモーメント解析

18)の解はない．この区間では，遠心力によるモーメントが小さいのでロッドは傾斜しない．尚，$\beta = 10$ における傾斜角度は $\theta = 81.3°$ となり，角速度（回転数）が増すとロッドの傾斜角 θ はおおむね $85°$ に近づくようである．この結果から，例えばロッドの傾斜角 θ を $45°$ にするには加速度変数 β は 2 程度であることが分かる．すなわち，ロッドの遠心加速度 $L\omega^2$ が重力加速度 g の 2 倍必要であることが分かる．

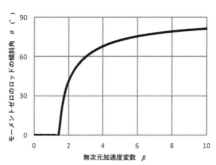

図4・9　無次元加速度変数 β に対するピンで吊るしたロッドの傾斜角 θ

● 考察

① 単純な機器であってもその力学的特性は，式（4・18）のように補助変数（パラメータ）の取り方で傾斜角 θ が多様に変化するので，特定の解にだけ注目することなく全体の特性を知ることは，適正な条件を定めることに効果的な方法であると言える．

次に，ロッドを任意の傾斜角度 θ で回転する垂直軸に固定したときの，固定点に働くモーメントの特性について調べる．

4・2・2　ロッドを任意の角度 θ で垂直軸に固定したときの固定点回りのモーメント
4・2・2・1　傾斜角 θ で固定したときの θ に対するモーメントの特性

ロッドがピンで取り付けられている場合は，その点に働く 2 つのモーメントの方向は

第4章　回転軸に取り付けられたロッドの特性

互い逆であるから，ロッドは2つのモーメントが等しくなるように傾斜する．しかし，任意な傾斜角 θ でロッドを回転軸に固定すると2つのモーメントは相互に関係なく，互いに独立して固定点に働く．したがって，式 (4・14) および 式 (4・17) より，O 点におけるモーメント M_o は，それらの向きを考慮すると

$$M_O = M_C + (-M_W) = \frac{1}{3}\frac{W}{g}L^2\omega^2 \sin\theta \cdot \cos\theta - \frac{1}{2}WL\sin\theta$$

$$\therefore M_O = \frac{1}{6}WL\sin\theta\left(\frac{2L\omega^2}{g}\cos\theta - 3\right)$$

(4・19)

となる．この 式 (4・19) から，回転する垂直軸の O 点回りのモーメントの特性を知ることが出来る．しかし，式 (4・19) のままでは，ロッドの重量，長さ，傾斜角速度など具体的な数値を与えなければそのモーメント M_O は求められない．したがってこの装置の特性を調べるには，式 (4・19) を単位のない比の形式，すなわち無次元化するとよいのでそれを以下に示す．

　まず，式 (4・19) の両辺の単位に注目する．左辺がモーメントであるから，その単位は［N・m］である．またその単位に相当する右辺の項は WL (荷重 × 距離 ＝ モーメント) である．この単位も［N・m］である．したがって 式 (4・19) を **無次元化** 式とするためには，両辺を WL で割ればよいことが分かる．すなわち，

$$\frac{M_O}{WL} = \frac{1}{6}\sin\theta\left(2\frac{L\omega^2}{g}\cos\theta - 3\right)$$

(4・20)

となる．ここで，右辺の括弧内にある定数 ($L\omega^2/g$) の単位に注目すると

$$\beta = \frac{L\omega^2}{g} = \frac{\left[m\cdot\left(\dfrac{rad}{\sec}\right)^2\right]}{\left[\dfrac{m}{\sec^2}\right]} = \frac{\left[\dfrac{m}{\sec^2}\right]}{\left[\dfrac{m}{\sec^2}\right]}$$

(4・21)

であるから，$L\omega^2/g$ を単位のない β とし，これを無次元加速度変数 β (パラメータ) とする．したがって 式 (4・20) は単位のない無次元式であり，ロッドを傾斜角 θ で固定

4・2 垂直回転軸に吊るされたロッドの固定点周りのモーメント解析

したとき固定点における無次元のモーメントは，角速度 ω を含んだ定数項を無次元加速度変数 β で置き換えると式（4・20）は，

$$\left(\frac{M_O}{WL}\right) = \frac{1}{6}\sin\theta(2\beta\cdot\cos\theta - 3) \tag{4・22}$$

として表すことが出来る．尚，正接，余弦は辺の比であるから単位はない．

図4・10は，ロッドを傾斜角 θ で固定したときの θ に対するモーメントの **特性曲線** である．ここでは，加速度変数 β を 1〜10 まで段階的に変えてある．

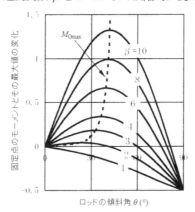

図4・10 ロッドの傾斜角 θ に対する固定点に働くモーメントの
無次元加速度変数による特性曲線と最大モーメント曲線（点線）

図から明らかなように，加速度変数 $\beta = 1$ 以外の曲線にはモーメントに **最大値** が現れる．また，固定点に同じ大きさのモーメントを与える傾斜角が二通りある．例えば，加速度変数 $\beta=6$ の曲線とモーメント 0.5 の水平線との交点が，最大値を挟んで $\theta=25°$ と 58° の2箇所にあることが分かる．これは，モーメント M_O は，式（4・19）に示したように遠心力によるモーメント M_C から自重によるモーメント M_G を引いたものであるが，ロッドの傾斜角が大きくなると遠心力は大きくなるが，遠心力によって生じるモーメントの腕の長さ y が小さくなることによる．また固定点のモーメントがゼロになる

第 4 章　回転軸に取り付けられたロッドの特性

取り付け角がある．これはモーメントの向きが逆転するためである．
この特性曲線における特徴を列挙すると以下のようになる．

● 考察

　　垂直軸に固定されたロッドの固定点に働くモーメントは，ロッドの傾斜角 θ に
よって多様に変化することが分かった．さらに，無次元加速度変数 β を変えても，
モーメントが同じとなる傾斜角が二つあること，またモーメントに最大値がある
ことが示された．さらに，モーメントをゼロにする傾斜角が示されたが，これは
ロッドの傾斜角を固定しない 4・2・1 節 の状態と同一である．さらに，モーメン
トの向きが逆になる傾斜角があることなど，興味ある結果を得た．

　以上を項目的に並べると次のような三点が挙げられる．

① 　無次元加速度変数の大きさに拘わらず，O 点回りのモーメントが最大になる
　角度がある．

② 　無次元加速度変数が小さいか，またはロッドの傾斜角 θ が大きいと，図 4・
　10 に見られるようにモーメントの方向が逆になる．

③ 　モーメントがゼロとなる傾斜角度 θ が示され，これはロッドの傾斜角を固定
　しない 4・2・1 節 の状態と同一である．

4・2・2・2　モーメントがゼロとなる傾斜角度

　ここで，モーメントがゼロとなる無次元加速度変数 β と傾斜角度 θ の関係を求めて
みる．それには，式 (4・22) の左辺をゼロと置くが，その結果，加速度変数 β と傾斜
角度 θ との関係は右辺の括弧をゼロと置けばよいから

$$2\beta \cdot \cos\theta - 3 = 0 \qquad \therefore \theta = \cos^{-1}\left(\frac{3}{2\beta}\right) \qquad\qquad (4 \cdot 23)$$

となり，式 (4・23) よりモーメントがゼロとなる各加速度変数 β に対する傾斜角 θ が
求められる．

4・2 垂直回転軸に吊るされたロッドの固定点周りのモーメント解析

4・2・2・3 最大値曲線

図4・10の点線で示した曲線は，モーメントが最大になる点をつなげたものである．この曲線は，式（4・22）をθで微分し，各βにおける曲線の勾配を求める式を導き，その勾配がゼロとなる角度θを定めることから始められる．式（4・22）の微分をαとすると，

$$
\begin{aligned}
\alpha &= \frac{d}{d\theta}\left(\frac{M_o}{WL}\right) = \frac{d}{d\theta}\left(\frac{1}{6}\sin\theta(2\beta\cdot\cos\theta - 3)\right) \\
&= \frac{d}{d\theta}\left(\frac{1}{6}\beta\sin 2\theta - \frac{1}{2}\sin\theta\right) \\
&= \frac{\beta}{6}\cos 2\theta\cdot 2 - \frac{1}{2}\cos\theta \\
&= \frac{\beta}{3}(2\cos^2\theta - 1) - \frac{1}{2}\cos\theta \\
&= \frac{2}{3}\beta\cdot\cos^2\theta - \frac{1}{2}\cos\theta - \frac{\beta}{3} \qquad (rad)
\end{aligned}
$$

(4・24)

のように$\cos\theta$の二次方程式が得られる．αをゼロと置き，根と係数の関係から$\cos\theta$について解くと，βに対するモーメントが最大となる傾斜角θが求められる．

$$
\cos\theta = \frac{3}{8\beta} + \frac{1}{2}\sqrt{\frac{9}{16\beta^2} + 2}
$$

(4・25)

この式にβ値を与えてθ値を求め，そのθ値を再度 式（4・22）に代入すると **最大無次元モーメント値** $(M_0/WL)_{max}$ が定まる．β値を1〜10まで連続して計算をすると 図4・10の鎖線のごとき **最大値曲線** が得られることになる．

式（4・25）より，$\beta = \infty$におけるモーメントが最大となるロッドの傾斜角θは，

$$\beta = \infty \text{ のとき} \quad \theta = 45^0$$

となることが分かる．

4・2・2・4 ロッドの傾斜角度に対する傾斜遠心力の作用点（X_c, Y_c）

最後に，ロッド上に分布されている遠心力の中心座標位置（X_c, Y_c）の傾斜角θ

第4章　回転軸に取り付けられたロッドの特性

に対する変化を求める．図 4・11 は任意角度における遠心力 F_C の作用点を示している．

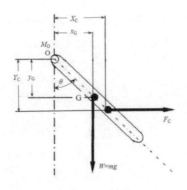

図4・11　全遠心力の作用点（X_C, Y_C）とロッドの重心位置（x_G, y_G）

下向きロッドの**微小質量** dm に働く遠心力 dF_C は，$x\omega^2 dm$ で与えられる．これによる O 点回りの全遠心力によるモーメントは dF_C に O 点からの垂直距離 y を掛け，$\ell = 0 \sim L$ まで積分すれば求められる．他方，図4・11のように全遠心力 F_C のロッド上における作用点を（X_C, Y_C）とすれば，全遠心力 F_C による O 点回りのモーメントは，式（4・26）の左辺に示されているように作用点までの垂直距離 Y_C と全遠心力 F_C の積で求められる．これら両モーメントは一致し，次式の関係が成立する．

すなわち，

$$Y_C \cdot \int_0^L x\omega^2 dm = \int_0^L y \cdot x\omega^2 dm, \qquad \therefore Y_C = \frac{\int_0^L y \cdot x\omega^2 dm}{\int_0^L x\omega^2 dm} = \frac{M_c}{F_c} \qquad (4 \cdot 26)$$

ところで，式（4・26）の分母はロッド全体に働く全遠心力 F_C であるから，式（4・15）と同様に考えて積分すると

$$F_c = \int_0^L x\omega^2 dm = \frac{1}{2}\frac{w}{g}L\omega^2 \sin\theta \qquad (4 \cdot 27)$$

4・2　垂直回転軸に吊るされたロッドの固定点周りのモーメント解析

となる．また，分子は，モーメントであるから，式 (4・15)，式 (4・16) と同様に考えて積分すると

$$Mc = \int_0^L y \cdot x \omega^2 dm = \frac{1}{3} \frac{W}{g} L^2 \omega^2 \sin\theta \cdot \cos\theta \qquad (4・28)$$

となる．式 (4・26) に 式 (4・27)，式 (4・28) を代入して遠心力の作用点 (X_C, Y_C) の Y_C を求め，対応する X_C を求めると，ロッド全長 L に対して

$$\frac{Y_C}{L} = \frac{2}{3}\cos\theta, \qquad \frac{X_C}{L} = \frac{2}{3}\sin\theta \qquad (4・29)$$

となる．但し，X_C, Y_C は $Y_C \cdot \tan\theta$ より，直ちに求めることも出来る．またロッドの重心の位置はロッドの傾斜に拘わらず常に中央にあり，その座標点はロッドの長さ L を代表寸法とし

$$\frac{y_G}{L} = \frac{1}{2}\cos\theta, \qquad \frac{x_G}{L} = \frac{1}{2}\sin\theta \qquad (4・30)$$

である．以上よりロッド上における両者の作用点の位置関係は

$$(x_G, y_G) < (X_C, Y_C) \qquad (4・31)$$

となり，遠心力 Fc の作用点は，ロッドの重心点より外側に位置することが分かる．

　図4・12 は，その変化のようすを示したものである．横軸がロッドの傾斜にともなって変化する重心及び遠心力作用点の X 軸座標，縦軸が同様に重心および遠心力作用点の Y 軸座標を示している．斜めの一点鎖線はロッドが角度 θ にきたときの重心および遠心力作用点の位置を示している．この図から，遠心力作用点が重心座標の外側であることが分るし，ロッドの傾斜角度によってモーメントの腕の長さが変化するが，いずれの傾斜角においても，それぞれの割合が一定であることが分かる．このことから，回転する垂直軸に片方が固定されたロッドは，外向きに開くことが分かる．すなわち回転で発生する全遠心力の固定点まわりのモーメントの腕の長さが，重心によるモーメントの腕の長さより長いから，当然モーメントに差が生じ，ロッドは外向きに開くこととなる．

第 4 章 回転軸に取り付けられたロッドの特性

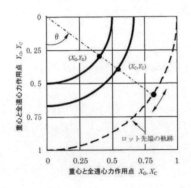

図 4・12 ロッド傾斜角の変化に伴う重心と全遠心力作用点の変化

4・2・2・5 回転数の計算手順

実際の装置を計画し，具体的な数値を求めるには次のような計算の手順で行なう．それには，図より無次元加速度変数（パラメータ）β を定め，その値からモーターの回転数 N（rpm）を求める．式(4・21)より β は

$$\beta = \frac{L\omega^2}{g}, \qquad \omega = \frac{2\pi N}{60}, \qquad \therefore \beta = \frac{L}{g}\left(\frac{2\pi N}{60}\right)^2 \qquad (4・32)$$

であるから，次式より垂直軸の回転数 N（rpm）が求められる．

$$N = \frac{60}{2\pi}\sqrt{\frac{g}{L}\cdot\beta} \qquad (4・33)$$

回転数 N は，ロッドの長さ L と選択されたパラメータ β とで定まる．ここで，g は重力加速度である．

第 4 章 参考文献

(1) F. P. Beer and E. R. Johnston 著，小笠原浩一訳：工業技術者のための力学，下 (1962) McGRAW・HILL BOOK COMPANY

4・2　垂直回転軸に吊るされたロッドの固定点周りのモーメント解析

(2)　C. R. ワイリー著, 富沢泰明訳：工業数学〈上〉(1972) ブレイン図書出版

(3)　J. L. Meriam：MECHANICS Part II DYNAMICS (1952) John Wily & Son, Inc.

(4)　S. Timoshenko and D. H. Young：Engineering Mechanics (1956) McGRAW-HILL
INTERNATIONAL EDITIONS

第5章 回転する傾斜円盤のモーメント解析
－ 非対象物体の運動 －

5・1 水平回転軸に斜めに取り付けられた円盤の幾何学的解析

　回転軸に円盤が取り付けられたとき，円盤の中心が回転軸と一致し，かつ互いに垂直であれば回転の有無にかかわらず軸受は円盤の荷重に相当する力のみを受ける．しかし，円盤の中心が回転軸の中心と一致しないときや円盤が斜めに取り付けられたりすると軸受は，円盤の荷重のほかに，慣性力（遠心力）の反作用として不釣合な力を受ける．

　ここでは，先ず，両端が軸受で支持された **傾斜円盤** の動きを概観し，傾斜している円盤上の **微小質量** に働く慣性力（遠心力）を求め，回転軸に直角で円盤の中心を通り，空間に固定されたy軸の回りに生じる**モーメント** M_yを求める．

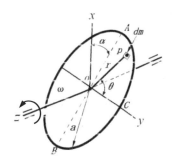 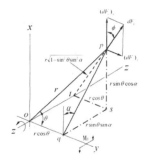

図5・1　(a) 傾斜円盤上の微小質量位置　(b) 微小質量に働く慣性力（遠心力）とy軸回りのモーメント．

98

第5章　回転する傾斜円盤のモーメント解析

5・1・1　傾斜円盤の運動とモーメント

図5・1の (a) は半径 a なる円盤が，空間に固定された x, y, z 軸のうち垂直な x 軸から，回転する z 軸の方向に角度 α だけ傾斜して取り付けられている様子を示している．この円盤を z 軸を中心軸として角速度 ω でゆっくりと回転した状態を y 軸方向から見ると，y 軸を境に円盤の表裏が一回転ごとに裏返しをするように揺れて見える．回転を早めると，円盤の両端 $A，B$ の各点は z 軸を中心に半径 $a \cdot \cos\alpha$ で円を描く．また，円盤の縁にある C 点は z 軸の O 点を中心に半径 a の円運動をしていることが分かる．この回転運動を，回転軸に対して垂直の横方向から見ると，中央が膨らみ左右が少し縮まった和太鼓の胴，またはビヤダルに似た形に見える．

今傾斜した円盤が均一な微小質量で構成されているとし，円盤上の任意の点の各微小な質量に注目すると，その質量は z 軸を中心に円運動をしていることに気付く．このとき，その質量に慣性力が発生する．円盤上の全ての微小質量に発生する慣性力の大きさは，z 軸からの距離に比例するが，y 軸を中心に左右互いに逆向きに働く．したがって，y 軸回りの **偶力** を形成する．したがって，傾斜円盤を支える軸受は，その反作用によって不釣合いな力を受けることとなる．

図5・1の (a) は，傾斜円盤上の p 点が，y 軸から角度 θ 傾き，半径が $r (r \leq a)$ の位置にあることを示している．この p 点から z 軸までの距離は，図 (b) にあるように z 軸に垂直な点線 tp で示すことができる．したがって，傾斜円盤が角速度 ω で回転すると p 点の微小質量 dm は，半径が tp で，角速度 ω による **慣性力** すなわち **遠心力**（$dF_C = tp\omega^2 dm$）を受けることが分かる．これらのことから，その大きさと方向を示しモーメント M_y を求めてみる．

図5・1 (b) より半径 tp は，傾斜円盤上の p 点に対し半径 r および角度 θ，更に円盤の傾斜角度 α を用いると幾何学的関係 [注1] から次式で表わすことができる．

$$\overline{tp} = r\sqrt{1 - \sin^2\theta \cdot \sin^2\alpha} \qquad (5 \cdot 1)$$

従って，p 点の微小質量 dm の慣性力 dF_C は $dF_C = tp\omega^2 dm$ であるから，式 (5・1) を用いて

5・1　水平回転軸に斜めに取り付けられた円盤の幾何学的解析

$$dF_C = r\sqrt{1 - \sin^2\theta \cdot \sin^2\alpha} \cdot \omega^2 \cdot dm \qquad (5 \cdot 2)$$

となる．この微小質量 dm に働く慣性力 dF_C の方向は点線 tp の延長線上にある．y 軸まわりのモーメント M_y を求めるには，慣性力の zy 平面に垂直な成分（$dF_c)_x$ と腕の長さ qs とが必要である．いずれも，図5・1(b) より幾何学的に，

$$\overline{qs} = r\sin\theta \cdot \sin\alpha \qquad (5 \cdot 3)$$

および

$$\cos\phi = \frac{\sin\theta \cdot \cos\alpha}{\sqrt{1 - \sin^2\theta \cdot \sin^2\alpha}} \qquad (5 \cdot 4)$$

である [注2] から，p 点にある微小質量に働く慣性力による y 軸回りのモーメント dM_y は，

$$dM_y = \overline{qs} \cdot dF_C \cdot \cos\phi \qquad (5 \cdot 5)$$

となる．また，微小質量は $dm = \rho r \cdot d\theta \cdot dr$ で与えられるから，式 (5・5) のモーメント dM_y は，

$$\therefore dM_y = \rho \cdot \omega^2 \cdot \sin\alpha \cdot \cos\alpha \cdot r^3 \sin^2\theta \cdot dr \cdot d\theta \qquad (5 \cdot 6)$$

となる．

上式を円盤全体にわたって積分 [注3] することで全体のモーメント（M_y）が求められる．すなわち，

$$M_y = \rho \cdot \omega^2 \cdot \frac{1}{2}\sin 2\alpha \cdot \int_0^a \int_0^{2\pi} r^3 \cdot \sin^2\theta \cdot d\theta \cdot dr \qquad (5 \cdot 7)$$

となる．式 (5・7) の積分結果 [注4] は，

$$M_y = \frac{W}{8g}a^2 \cdot \omega^2 \cdot \sin 2\alpha, \qquad\qquad : \rho\pi a^2 = \frac{W}{g} \qquad (5 \cdot 8)$$

である．ただし．ρ は円盤の単位体積当りの質量，W は円盤の重量，g は重力加速度である．

第5章 回転する傾斜円盤のモーメント解析

5・1・2 無次元モーメント

式 (5・8) の両辺を $W \cdot a$ で割り，**無次元加速度変数** を $\beta = a\omega^2/g$ とすると，円盤の傾斜角度 α 及び β の変化に対する**無次元モーメント** ($M_y/W \cdot a$) は，

$$\left(\frac{M_y}{W \cdot a}\right) = \frac{1}{8} \cdot \beta \cdot \sin 2\alpha \tag{5・9}$$

で与えられる．ところで，式 (5・9) によるとモーメント ($M_y/W \cdot a$) は，無次元加速度変数 β に比例するが，無次元加速度変数 β の中味をみると角速度 ω に対しては二乗に比例する．

図5・2は，円盤の半径を $a = 10$ cm，重力加速度は $g = 980$ cm/sec^2 を用いて無次元加速度変数 β と z 軸の回転数 n との関係を 注5）に基づき計算したものである．これより，z 軸の回転数が 3000 rpm であるときの β は 1000 となる．尚，無次元加速度変数 β の定義より回転数 n は，$\beta^{1/2}$ に比例する．

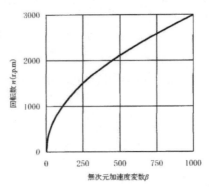

図5・2 無次元加速度変数 β と回転数 n の関係

図5・3は，式 (5・9) による回転円盤の傾斜角 α に対する無次元モーメント ($M_y/W \cdot a$) の計算結果である．補助変数 β は最低3から最大150まで変化させた．この特性曲線は，円盤の半径が $a = 10$ cm の場合である．最大モーメントは式 (5・8)，式 (5・9) より，円盤の傾斜角度 α が 45° のときである．また，無次元モーメント ($M_y/W \cdot a$) は，式 (5・9) より β に比例する．この図より $\beta = 100$，傾斜角度 $\alpha = 30°$ に

5・1 水平回転軸に斜めに取り付けられた円盤の幾何学的解析

おける無次元モーメントはおおよそ 11 であるから，軸受は，円盤重量 W と半径 a の積の 11 倍相当のモーメントを受けることが分かる．また，傾斜角度が 5° であっても $W \cdot a$ の 2.2 倍 になることが分かる．

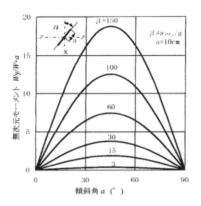

図5・3 無次元モーメントの特性曲線

● 考察

① 円盤の傾斜によって生じるモーメント M_y は，式（5・8）で示したように，円盤の外周速度（$a \cdot \omega$）の二乗に比例し増加する．が，傾斜角 α に対しては $\sin 2\alpha$ で変化し，45° で最大となる．

② 傾斜角 α が僅かであると，$\sin 2\alpha \fallingdotseq 2\alpha$ であるから，モーメント M_y は傾斜角度に比例する．$\alpha = 2°$ であると $2\alpha = 0.06981$，$\alpha = 4°$ であると 0.1396 となる．

③ モーメント M_y と同じ次元の（$W \cdot a$）で無次元化された 式（5・9）による 図5・3に示した **無次元特性曲線** の（$M_y / W \cdot a$）値から，傾斜円盤によるモーメントが，円盤の重量 W，および円盤の半径 a の積の何倍に相当するかが分かる．

④ 傾斜円盤の中心が左右の軸受間隔 ℓ の中央にあると軸受 **反力** R_A, R_B は，式（5・8）の結果より

102

第 5 章　回転する傾斜円盤のモーメント解析

$$R_A = -R_B = M_y / \ell \tag{5・10}$$

で求められる.

⑤　軸受 **反力** は, 慣性モーメントや **慣性乗積** を導入した剛体の運動を調べる
角運動量の式と **d'Alembert** の原理（ ニュートンの第二法則の加速度を含む
項を慣性力として考えて作用する力の項側に移行し、力の釣り合いとして考
える方法 ）を適用して求めることも出来る. 尚, 式 (5・8) から ω^2 を除い
たものが傾斜円盤の **慣性乗積** I_{zx} であり, 式 (5・8) のモーメント M_y は,

$$M_y = I_{zx}\omega^2, \qquad I_{zx} = \frac{W}{8g}a^2 \tag{5・11}$$

のように表記される.

● 注記演算

注1）腕の長さ:

$$
\begin{aligned}
\overline{tp}^2 &= \overline{ts}^2 + \overline{ps}^2 \\
&= r^2\cos^2\theta + r^2\sin^2\theta\cdot\cos^2\alpha \\
&= r^2\left[1 - \sin^2\theta + \sin^2\theta\cdot\cos^2\alpha\right] \\
&= r^2\left[1 - \sin^2\theta\left(1 - \cos^2\alpha\right)\right] \\
&= r^2\left[1 - \sin^2\theta\cdot\sin^2\alpha\right] \\
\therefore \overline{tp} &= r\sqrt{1 - \sin^2\theta\cdot\sin^2\alpha}
\end{aligned}
\tag{5・12}
$$

注2）慣性力の yz 平面に垂直な方向成分:

$$\cos\phi = \frac{\overline{sp}}{\overline{tp}} = \frac{\sin\theta\cdot\cos\alpha}{\sqrt{1 - \sin^2\theta\cdot\sin^2\alpha}} \tag{5・13}$$

注3）式 (5・5) から 式 (5・7) への積分:

5・1　水平回転軸に斜めに取り付けられた円盤の幾何学的解析

$$dM_y = \overline{qs} \cdot dF_C \cdot \cos\phi$$

$$= r\sin\theta\sin\alpha \cdot r\sqrt{1-\sin^2\theta\sin^2\alpha} \cdot \omega^2 dm \cdot \frac{\sin\theta\cos\alpha}{\sqrt{1-\sin^2\theta\sin^2\alpha}}$$

$$= \rho\frac{1}{2}\sin 2\alpha \cdot \omega^2 \cdot r^3 \cdot \sin^2\theta \cdot d\theta \cdot dr$$

$$\therefore M = \frac{1}{2}\rho\omega^2 \cdot \sin 2\alpha \cdot \int_0^a r^3 dr \int_0^{2\pi} \sin^2\theta d\theta \tag{5・14}$$

注4）二重積分：

$$\int_0^\alpha r^3 dr \int_0^{2\pi} \sin^2\theta d\theta = \int_0^\alpha r^3 dr \int_0^{2\pi} \left(1-\cos^2\theta\right)d\theta$$

$$= \int_0^\alpha r^3 dr \int_0^{2\pi} \frac{1}{2}\left(1-\cos 2\theta\right)d\theta$$

$$= \left[\frac{1}{4}r^4\right]_0^\alpha \cdot \frac{1}{2}\left[\theta - \frac{1}{2}\sin 2\theta\right]_0^{2\pi}$$

$$= \frac{\pi}{4}a^4 \tag{5・15}$$

注5）無次元加速度変数 β と回転数 n の関係：

$$n = \frac{60}{2\pi}\sqrt{\frac{g}{a}\cdot\beta}, \qquad (rpm) \tag{5・16}$$

$$\omega = \frac{2\pi n}{60}, \qquad (rad/\sec)$$

5・1・3　d'Alembert の原理に基づく Euler の方程式

　更に，d'Alembert（ダランベール）の原理にもとづいて，軸受の反力に関して，慣性モーメントや慣性乗積を導入した Euler（オイラー）の方程式を示す．

　反対側の同じ角度 θ，同じ半径 r の位置に右と同じように微小質量を考えれば，右の質量が下に下がれば，左の質量は上に上がり，互いが上下反対の円周運動をすることが

104

第5章 回転する傾斜円盤のモーメント解析

分かる．この運動を z 軸から見ると円運動であるが，空間に固定した η 軸（5・2節の図5・5参照）から見ると各質点は，上下の運動として観測される．従って，傾斜した円盤が z 軸と共に回転すると，y 軸に対して円盤上の各質点は上下に運動していることになる．したがって，η 軸にモーメント M が発生することが分かり，その反作用が軸受に不釣合い力として働き，軸受けに不規則な力を与え，振動の原因になることが理解される．

$$dFc = \omega^2 \cdot \overline{tp} \cdot dm, \qquad \overline{tp} = r\sqrt{1 - \sin^2\theta \cdot \sin^2\alpha}, \qquad dm = \rho r d\theta \cdot dr$$

$$\therefore \quad Fc = \omega^2 r\sqrt{1 - \sin^2\theta \cdot \sin^2\alpha} \cdot \rho r d\theta \cdot dr$$

しかし，斜めの円盤上に，仮に微小な質量を三箇所選び，回転軸からその質量までの垂直に選んだ質量の塊を並べると，三個の微小質量は，円盤と回転軸との交点を通って左右斜めに並ぶ．回転する斜めの円盤は左右に，あるいは裏返しになるように揺れるように見えるが，各質点から見ると回転軸から距離の異なる質点が軸を中心に回転運動をしていることがわかる．三個並んだ質点のうちの一つに注目して，その運動について考えてみる．軸の回転と共に，この質量に慣性力が働くことは容易に理解できる．すなわち，遠心力が働く．従って，斜めの位置に左右に質点を選ぶと，その二つの質点は，左右の円錐の頂点を z 軸上で突き合わせたように，あるいは鼓の三角錐のような曲面を描く．回転中、円盤の軸中心から r の位置にある微小な質量 dm には，回転軸の t 点から垂直の位置にある p 点を通る方向に遠心力（ dF_c ）が発生し、回転を止めるとその力もなくなるからこれを慣性力と呼んでいる．

　一般に，運動する物体は時間や場所によって速度や加速度が変化する．この変化を知るために Newton（ニュートン）の運動方程式が用いられる．一方，剛体の運動は回転すると慣性力が働き，剛体の形状や，重心を外れて取り付けたり，あるいは斜めに取り付けられるとモーメントが発生し，軸受の支持力は静的な荷重以外に不釣合いな力を受ける．このため，剛体の回転運動では，速度や加速度を求めるのではなく，支持力に係わるモーメントを知る必要がある．このため，Newton の運動方程式でなく，d'Alembert

5・2 Euler の運動方程式による傾斜回転円盤のモーメント解析

の原理を用いた静力学的な吊り合い方程式や Euler の運動方程式が用いられる.

Newton の運動方程式は,加速度と力の関係から出発するが,Euler の運動方程式では剛体の形状を組み入れた運動量の時間的変化と力の関係を考慮して支持力やモーメントを求める.また,d'Alembert の原理では,支持力(反力)やモーメントを静力学的な釣合い方程式を直接記述し,それに基づいて求められる.一般に,回転軸とともに運動する剛体(回転中に形状が変わらない物体)は慣性力によってモーメントや軸受の反力は回転運動の方程式を用いなくとも,静力学的な釣合い式によって求めることができる.また,軸に働く反力やモーメントは,仮想仕事の原理で知られている d'Alembert の原理を適応して求めることもできる.その際には,剛体の動き易さを数量化した慣性モーメント,慣性乗積という見かけの質量を取り入れなければならない.

5・2 Euler の運動方程式による傾斜回転円盤のモーメント解析
［ 回転軸とともに運動する非対称物体によるモーメント ］

5・2・1 Euler の運動方程式 　— 付記 10・1「Euler の運動方程式の誘導」を参照 —

回転する剛体の **慣性乗積** をゼロにする座標軸を選び,慣性モーメントのみによって軸受が受ける抗力を求める.

ここで,使用する回転体の **Euler (オイラー) の運動方程式** は,図に示されているように x,y,z 座標から ξ,η,ζ 座標に変換された **慣性モーメント** と **角速度** を用いて軸受の反力を計算するものである.先ず,回転体の Euler の運動方程式は,

$$\left(I_\xi \frac{d\omega_\xi}{dt}\right) + (I_\zeta - I_\eta)\omega_\eta\omega_\zeta = M_\xi \tag{5・17}$$

第5章　回転する傾斜円盤のモーメント解析

$$\left(I_\eta \frac{d\omega_\eta}{dt}\right) + (I_\xi - I_\zeta)\omega_\zeta\omega_\xi = M_\eta \tag{5・18}$$

$$\left(I_\zeta \frac{d\omega_\zeta}{dt}\right) + (I_\eta - I_\xi)\omega_\xi\omega_\eta = M_\zeta \tag{5・19}$$

である．

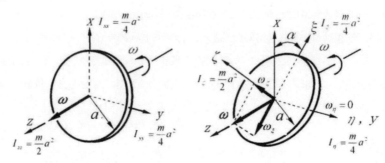

図5・4　垂直回転円盤とその座標及び慣性モーメント　　図5・5　傾斜円盤とその変換座標系における慣性モーメント

ここで，左辺の第一項は **慣性モーメント** と **角加速度** との積，第二項は慣性モーメントの差と角速度の2重積との積である．**慣性モーメント** は質量に相当し，それに角加速度あるいは角速度の2重積の積であるから，いずれの項の単位も［m・kgm/s^2］でモーメントまたは「 外力のモーメント 」である．したがって，左辺が定まれば，その値はモーメントであることが分かる．

5・2・2　角速度成分及び慣性モーメント

ところで，**角速度** は速度であるからその大きさと向きは 図5・5のようにベクトルで示される．したがって，角速度 ω_ξ, ω_η, ω_ζ は回転軸の角速度 ω の成分であるから，傾斜円盤の傾きを α とすると，それぞれ，

$$\omega_\xi = \omega\sin\alpha, \qquad \omega_\eta = o, \qquad \omega_\zeta = \omega\cos\alpha \tag{5・20}$$

5・2 Euler の運動方程式による傾斜回転円盤のモーメント解析

である.

また，慣性乗積がゼロになるような座標を変換したことによる ξ, η, ζ 座標の慣性モーメントは，回転軸に垂直に取り付けられた円盤の x, y, z 座標軸で得られる**慣性モーメント** と同じものである．すなわち，式 (5・17)，式 (5・18)，式 (5・19) は座標変換前の **慣性モーメント** が使用できるので計算が簡単になる.

$$I_\xi = \frac{m^*}{4} a^2, \qquad I_\eta = \frac{m^*}{4} a^2, \qquad I_\zeta = \frac{m^*}{2} a^2 \qquad (5 \cdot 21)$$

5・2・3 Euler の運動方程式の回転する傾斜円盤への適用

円盤の回転が定常回転であるとすれば，角速度 ω は一定であり，その成分も一定であるから 式 (5・17)，式 (5・18)，式 (5・19) の第一項にある角加速度の時間微分はゼロである．また，傾斜円盤は η 軸回りには回転しないから 式 (5・20) に示したように ω_η はゼロである．したがって，式 (5・17) は

$$(I_\xi \times 0) + (I_\zeta - I_\eta)0 \times \omega_\zeta = M_\xi \qquad \therefore M_\xi = 0 \qquad (5 \cdot 22)$$

式 (5・18) は

$$(I_\eta \times 0) + (I_\xi - I_\zeta)\omega_\xi \omega_\zeta = M_\eta \qquad \therefore M_\eta = (I_\xi - I_\zeta)\omega_\xi \omega_\zeta \qquad (5 \cdot 23)$$

式 (5・19) は

$$(I_\zeta \times 0) + (I_\eta - I_\xi)\omega_\xi \times 0 = M_\zeta \qquad \therefore M_\zeta = 0 \qquad (5 \cdot 24)$$

となる.

以上より，傾斜円盤の回転で生じる回転軸上のモーメントは 式 (5・23) より

$$M_\eta = \left(\frac{m^*}{2} a^2 - \frac{m^*}{4} a^2 \right) \omega^2 \sin\alpha \cdot \cos\alpha \qquad \therefore M_\eta = -\frac{m^*}{8} a^2 \omega^2 \sin 2\alpha \qquad (5 \cdot 25)$$

となる．式 (5・25) の剛体の全質量 m^* は全重量 W を重力加速度 g で割った値で置き換え，さらに $a^2\omega^2$ の a をひとつ外して遠心加速度 $a\omega^2$ とし，モーメント M_η をモーメントの単位を持つ (Wa) で **無次元** 化にすると，

$$\left(\frac{M_\eta}{Wa}\right) = -\frac{1}{8}\left(\frac{a\omega^2}{g}\right)\sin 2\alpha \tag{5・26}$$

が得られる.

ここで,右辺の加速度比 $(a\omega^2/g)$ を **無次元加速度変数**(パラメーター)β として円盤の傾斜角 α に対する **無次元モーメント** の特性を求めると 図5・6のようになる.横軸が傾斜角度,縦軸が無次元モーメントであり,その最大値は曲線の中央にある.その値は 式(5・26)を α で微分してそれをゼロとして解くと

$$d(M_\eta/Wa)/d\alpha = 0 \qquad \cos 2\alpha = 0 \qquad \therefore \alpha = \pi/4 \tag{5・27}$$

より,その時の円盤の傾斜角度は $\alpha = 45°$ であることが分かる.

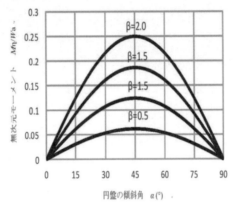

図5・6 傾斜角 α に対するモーメントの特性

5・2・4 軸受の反力

式(5・25),式(5・26)で示されるように,y 軸 または η 軸の回りにはモーメントが働く.今傾斜円盤が,左右異なる距離 L_A,L_B にある軸受 A,B で支持されているとすると,軸受 A,B の **反力** R_A,R_B は,静力学的に

$$\pm R_A = \frac{L_B}{(L_A + L_B)} M_\eta \qquad \mp R_B = \frac{L_A}{(L_A + L_B)} M_\eta \tag{5・28}$$

5・2 Euler の運動方程式による傾斜回転円盤のモーメント解析

で与えられる.

● 考察

① 角速度は,当然ベクトルであり,向きと大きさを持っている. その際,回転
方向は回転軸に沿って"右手の法則"— ベクトルの向きが右ねじの進む
方向 — に従い,ベクトルの合成及び分解ができる. したがって,その成分
は幾何学的に求められる.

② Euler の運動方程式の一般形は,慣性モーメントは勿論のこと慣性乗積を含ん
で複雑である. しかし,座標の取り方によって慣性モーメント(これを主慣
性モーメントと言う)だけを含む Euler の運動方程式にすることができる.
したがって,回転円盤が傾斜したとしても回転軸に垂直な x , y , z 座標系
で得られる慣性モーメントのみで問題を解くことができる.

③ 回転軸は,傾斜円盤の重心を通っている. したがって,式 (5・25),式 (5・
26) で得られるモーメントは,重心まわりのモーメントである. 式 (5・28)
に示した軸受けの 反力 は回転によってその方向が左右交互に変ることを
示すために ± を付けた.

④ 式 (5・25),式 (5・16) から求めた結果は,幾何学的方法によって求めた
傾斜円盤に発生するモーメントと一致する. なお,ここでは Euler の運動方
程式から出発したが,この式の誘導は,付記1 10・1 に記載するので参照さ
れたい.

第5章 参考文献

(1) イ・ヴォロンコウ 他著,清野節男訳:力学演習 2 (1963) 東京図書

(2) J. L. Meriam : MECHANICS Part Ⅱ DYNAMICS (1952) John Wily & Son, Inc.

第6章　回転する機械の特性解析
― 機械の運動特性 ―

6・1　回転式ローラー破砕機と石臼の特性解析
[遠心効果とその限界について，電動と手動の類似性]

　工業的に活用される回転機械は，内燃機関，電動機，発電機および流体機械（タービン，水車，風車，ポンプ，送風機）など比較的高速で回転するものが多い．他方家庭でも電化が進み，クーラー，掃除機，洗濯機など回転部分をもつ機器が使用されている．しかし，旧き時代の家庭にあるものと言えば，蓄音機，扇風機ぐらいで，郊外の家庭では豆を粉にする石臼もあった．田園には小川で回転する水車が見られ，脱穀の動力

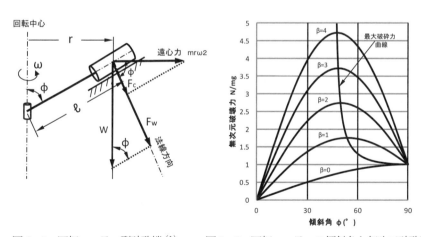

図6・1　回転ローラー型破砕機[1]　　図6・2　回転ローラーの傾斜角と無次元破砕強さ

112

第6章　回転する機械の特性解析

源として活用されていた．これら回転機械は回転する力そのものを利用するものと，回転によって生じる遠心力を活用するものとがある．いずれの機械もその機能や特性は，工学的な考察や解析が行われ，適切な状態で作動している．そこで，電動機で回転する回転ローラーの遠心力で固形物を破砕する機械を取り上げ，その機械の力学的特性を調べるとともに，手動で回転し豆などを粉末にする石臼の形状とその特性について述べる．

図6・1は **回転式破砕機** の概略および記号と力学的関係を示したものである．ここに，ω：角速度$(rad/\sec)$，r：回転軸の中心からローラーの質量中心までの半径(m)，m：ローラーの質量(W/g)，W：ローラーの重量$(kg \cdot m/\sec^2)$，ℓ：ローラー支持軸の長さ(回転軸から支持軸に沿ってローラーの質量中心までの長さ)(m)，ϕ：ローラー傾斜角$(°)$である．

6・1・1　破砕力と傾斜角

回転ローラー がすり鉢状の斜面に及ぼす力 N は，ローラーの中心を通り回転軸に平行な自重 W とすり鉢状の斜面を転がりながら半径 r で回転するローラーの遠心力$(mr\omega^2)$の二つの力の **法線方向分力** の和で与えられる．すなわち，法線方向の合力（**破砕力**）は

$$N = F_W + F_C \qquad (6 \cdot 1)$$

である．ただし，

$$F_W = W \sin \phi$$
$$F_C = mr\omega^2 \cos \phi \qquad (6 \cdot 2)$$

であり，回転軸からローラー中心までの半径r，回転軸から支持軸に沿ってローラーの質量中心までの長さを ℓ とすると $r = \ell \sin \phi$ であるから，式 $(6 \cdot 1)$ は 式 $(6 \cdot 2)$ の各分力を考慮して整理すると，

$$N = mg \cdot \sin \phi + m \cdot \ell \sin \phi \cdot \omega^2 \cdot \cos \phi$$
$$= mg \cdot \sin \phi + m \cdot \ell \omega^2 \cdot \sin \phi \cos \phi \qquad (6 \cdot 3)$$

6・1　回転式ローラー破砕機と石臼の特性解析

となる. ここで，三角関数の特性より $\sin\phi\cos\phi = \dfrac{1}{2}\sin(2\phi)$ であるから，式 (6・3) は，

$$N = mg \cdot \sin\phi + \frac{1}{2}m \cdot \ell\omega^2 \cdot \sin(2\phi) \tag{6・4}$$

となり，回転ローラーがすり鉢状の斜面に及ぼす力，すなわち破砕力 N を **無次元化** するために両辺を mg で割ると，式 (6・4) は

$$\frac{N}{mg} = \sin\phi + \frac{\ell\omega^2}{2g}\sin(2\phi) \tag{6・5}$$

となる. ここで，

$$\beta = \frac{\ell\omega^2}{2g} \tag{6・6}$$

とおいて β を **無次元回転補助変数** (パラメーター) と呼ぶことにすると 式 (6・5) は

$$\frac{N}{mg} = \sin\phi + \beta \cdot \sin(2\phi) \tag{6・7}$$

となる. この 式 (6・7) が回転式破砕機の単位のない **無次元特性式** である.

　図6・2は 式 (6・7) の計算結果を示したものである. 横軸は回転ローラーが転がるすり鉢状斜面の傾斜角 ϕ で，$\phi = 90°$ の時すり鉢の傾斜は無く，回転軸に直角な水平面となる. 縦軸は 式 (6・7) で示されているように無次元化された破砕力 N/mg である. 図6・2中の各曲線は，式 (6・7) の補助変数を下から $\beta = 0, 1, 2, 3, 4$ と変えたものである. この結果から破砕力の特性は次のように，① $\beta = 0$ と，② $\beta \neq 0$ の二つの場合に分けることができる.

　　① $\beta = 0$ の場合

　　　　最下位の曲線が $\beta = 0$ であるが，式 (6・7) より $\beta = 0$ で第二項がゼロになるからその特性は $\sin\phi$ 曲線となり，反力の最大値は傾斜角が $\phi = 90°$ の場合となる.

　　② $\beta \neq 0$ の場合

第6章　回転する機械の特性解析

β がゼロでなく増加すると各特性曲線は上に凸となり，破砕力が最大になる点が $45° < \phi < 90°$ の範囲内にあることが分かる．

6・1・2　最大破砕力

6・1・2・1　無次元回転補助変数 β に対する最大傾斜角 ϕ

図6・2の中央部に描かれている二次曲線状の単一曲線は，β 値の異なる各特性曲線の **最大破砕力** 点を結んだ線である．以下，この曲線を表す関数を求める．

曲線上の最大点すなわち **極大値** 点は，一般にその曲線上の接線が横軸に平行になる点である．式 (6・7) のように特性曲線の関数が明らかな時は，その関数を横軸の変数 ϕ で微分し，勾配 $(\Delta y / \Delta x)$ を求め，その値をゼロとすればよい．すなわち，破砕力を最大にする " すり鉢 " の傾斜角 ϕ は，微分の結果をゼロとおいて解く次のような方法で求められる．まず，式 (6・7) を 横軸の ϕ で微分すると 式 (6・8) となる．

$$\frac{d}{d\phi}\left(\frac{N}{mg}\right) = \cos\phi + 2\beta \cdot \cos(2\phi) \tag{6・8}$$

右辺の第二項は，三角関数の特性である $\cos(2\phi) = 2\cos^2\phi - 1$ を用いると

$$\begin{aligned}
\frac{d}{d\phi}\left(\frac{N}{mg}\right) &= \cos\phi + 2\beta \cdot \left(2\cos^2\phi - 1\right) \\
&= \cos\phi + 4\beta \cdot \cos^2\phi - 2\beta \\
&= 4\beta \cdot \cos^2\phi + \cos\phi - 2\beta
\end{aligned} \tag{6・9}$$

となる．極大値点を求めるには 式 (6・9) をゼロとおいて解くのであるが，式 (6・9) は $\cos\phi$ の二次方程式であるから，$y = ax^2 + bx + c$ の形式に整理すると

$$\cos^2\phi + \frac{1}{4\beta}\cos\phi - \frac{1}{2} = 0 \tag{6・10}$$

となり，根と係数の関係から補助変数 β に対して **最大破砕力** を与える傾斜角 ϕ は，

$$\cos\phi = \frac{-\dfrac{1}{4\beta} \pm \sqrt{\dfrac{1}{16\beta^2} + 2}}{2} \tag{6・11}$$

となる．

6・1 回転式ローラー破砕機と石臼の特性解析

式 (6・11) において補助変数 β を与えるとすり鉢状の斜面の傾斜角 ϕ が次のように定まる.

① $\beta = 0$ の場合

$\beta = 0$ とは，補助変数の定義から分かるように $\omega = 0$ のことで，軸の回転数がゼロであることを意味している．手動で回す回転は，電動機による回転数に較べ遅くゼロに近いと云える．したがってこの場合の傾斜角 ϕ を求めることは **手動破砕機**，または **石臼** 等の低速回転における破砕機の特性を調べることになる．そこで，式 (6・11) に $\beta = 0$ を入れて計算すると，

$$\cos\phi = \frac{-\dfrac{1}{4\times 0} \pm \sqrt{\dfrac{1}{16\times 0^2}+2}}{2} = \frac{-\infty \pm \sqrt{\infty^2+2}}{2} \cong -\infty \pm \infty = \begin{cases} -\infty + \infty \\ -\infty - \infty \end{cases} = \begin{pmatrix} 0 \\ -\infty \end{pmatrix}$$

(6・12)

が得られる．ここで $\cos\phi = -\infty$ は斜面の構造上意味がない値であるから省略し，$\cos\phi = 0$ を採用すると斜面の傾斜角 ϕ は，

$$\cos\phi = 0, \qquad \therefore \phi = 90° \tag{6・13}$$

となり，低速回転の **石臼** の回転面は水平で，すり合わせ面を水平に組み合わせた構造にすることで最大破砕力が得られることが分かる．

② $\beta > 0$ の場合

$\beta > 0$ とは，補助変数の定義から分かるようにローターの回転数が速くなることを意味している．ここで，極端な例として $\beta = 25$ における傾斜面の角度 ϕ を求めると，

$$\cos\phi = \frac{-\dfrac{1}{4\times 25} \pm \sqrt{\dfrac{1}{16\times 25^2}+2}}{2} = \frac{-0.01 \pm \sqrt{0.0001+2}}{2} \approx -0.005 \pm \frac{\sqrt{2}}{2}$$

$$= \begin{cases} -0.005 + \dfrac{\sqrt{2}}{2} \\ -0.005 - \dfrac{\sqrt{2}}{2} \end{cases} \approx \begin{cases} \dfrac{\sqrt{2}}{2} \\ -\dfrac{\sqrt{2}}{2} \end{cases} \qquad \therefore \phi \approx \pm 45°$$

116

第6章　回転する機械の特性解析

$$(6 \cdot 14)$$

が得られる．これより高速回転における破砕機の斜面角度 ϕ は $45°$ が最適すり鉢角度となることが分かる．

6・1・2・2　最大破砕力と特性曲線

最大破砕力 $N_{\max}$ は，先ず，**無次元回転補助変数** β 値を与え，前項で示した 式 (6・11) より傾斜角 ϕ を計算する．次に，その結果を用いて 式 (6・7) より無次元化された最大破砕力を求める．

例えば，無次元回転補助変数 $\beta = 2$ について最適傾斜角 ϕ を求める．

$$\cos\phi = \dfrac{-\dfrac{1}{4\times 2} \pm \sqrt{\dfrac{1}{16\times 2^2}+2}}{2} = -\dfrac{1}{16} \pm \dfrac{\sqrt{2.0156}}{2}$$
$$= -0.0625 \pm 0.7099$$
$$\cos\phi = 0.647 \qquad \therefore \phi = 49.65°$$

$$(6 \cdot 15)$$

次に，最大破砕力 $N_{\max}$ を 式 (6・7) より求めると

$$\dfrac{N}{mg} = \sin(49.68) + 2\times\sin(2\times 49.68) = 0.762 + 2\times 0.987$$
$$\therefore N = 2.736mg$$

$$(6 \cdot 16)$$

となる．

図6・2の最大破砕力曲線を描くには，先ず 式 (6・11) の無次元回転補助変数 β を，0 から 5 まで 0.2 ずつ変えてすり鉢の傾斜角 ϕ を 式 (6・15) に準じて求める．次に，その傾斜角 ϕ を 式 (6・7) に適用し，式 (6・16) のように計算しその結果を破砕機の**特性曲線** 図中に併記すればよい．

以上の結果をまとめると以下のようになる．

- 考察
    - ①　破砕機の回転数が大きい場合，すり鉢状の斜面の傾斜角は，$\phi = 45°$ で最大破砕力が得られる．

6・2 遠心クラッチの起動特性

② 補助変数 β が, $\beta < 10$ の回転数領域では, 傾斜角 ϕ は, 図 6・2 より 45°〜60°で良い.

③ 破砕機を手動で回転する場合は回転角速度が小さく無次元回転補助変数が $\beta = 0$ となり, すり鉢状の斜面傾斜角は $\phi = 90°$, すなわちすり鉢状の斜面が水平な状態で最大破砕力が得られる. 勿論, 粉砕された粉を外周に移動させ落下させるために, 多少傾斜させる必要がある.

6・2 遠心クラッチの起動特性

[モータの起動特性と負荷の回転特性]

遠心クラッチ は **滑り子** が遠心力でリムの内壁に接触し, 摩擦力によってモータのトルクを負荷側に伝える装置である. この装置の特性は, 一般に起動特性, トルク伝達性能, エネルギー損失などで評価される. ここでは, **起動特性** として, 時間に対するモータ側と負荷側の回転速度 (角速度) の時間的変化について述べる. また回転系の時間的な変化を求めるため Euler (オイラー) の運動方程式を用いる.

6・2・1 遠心クラッチのトルク伝達とその特性

図 6・3 は, モータのトルクが遠心クラッチを通して負荷のフライホイールに伝わる様子と各部の記号を示したものである. ただし, モータ側と負荷側の慣性モーメントは I_1, I_2 で, モータトルクは T , クラッチ部の摩擦を介して発生する **摩擦トルク** を M_f, さらにモータおよび負荷の角速度を ω_1, ω_2 で示した.

図 6・4 は, モータトルクと摩擦トルクの特性を, 回転角速度の変化に対して示したものである. **モータトルク** T は角速度 ω に関わりなく一定であり, 摩擦トルクは角速度の二乗に比例することを示したものである. 遠心クラッチの **摩擦トルク** M_f は

第6章 回転する機械の特性解析

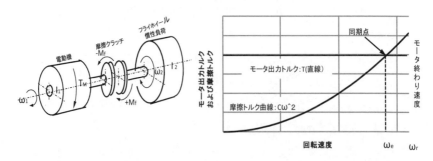

図6・3 遠心クラッチと回転トルク伝達経路[1]

図6・4 モータトルク(一定)と遠心クラッチトルク($C\omega^2$)の特性曲線と同期点

モータの角速度をω_1で示すと，遠心力によって生じるクラッチ内の摩擦力で定まる．遠心力は 質量×半径×角速度^2 に比例するから，

$$M_f = C\omega_1^2 \tag{6・17}$$

で表わすことができる．ここで C は **クラッチ定数**（質量×半径およびクラッチの内部機構を含む），ω_1 は先に示したようにモータの角速度である．また，**モータ回転子** は慣性をもち静止の状態から角速度が増すと，クラッチの摩擦トルクM_fは 図6・4 または 式(6・17) で示したように角速度の二乗で上昇する．そして，一定のモータトルクの水平な直線と摩擦トルク曲線とが交差する点が，モータと負荷とが結合し一体化する **同期点** である．そのときの角速度を ω_e で示した．ω_r はモータの **最終角速度** で，モータの角速度は同期点を過ぎても最終角速度まで上昇することができる．このモータ出力 T と摩擦トルクM_fの角速度に対する特性から遠心クラッチによるモータと負荷の運動は，① 同期点前の個々の運動と，② 同期点後から最終角速度まで の二つの運動に分けることができる．以下において，遠心クラッチを通して慣性モーメントを持つ回転子，および負荷として考えている **フライホイールの回転運動** について考察する．

6・2 遠心クラッチの起動特性

6・2・2 モータ側の Euler の運動方程式とその特性 (① 同期点前の運動)

図6・3に示したようにモータ, **摩擦クラッチ** および負荷の回転軸は, いずれも同一直線上にある. 回転する物体 (剛体) の角速度やその時間的変化を知るには Newton (ニュートン) の運動方程式でなく, 質量の代わりに **慣性モーメント** I, また速度のかわりに回転 **角速度** ω を用いた **Euler の運動方程式** で記述することが出来る. ところでモータの回転子は, 磁界によって一定のトルクを発生し回転する. このとき, モータトルク T は一定であるが, その一部はクラッチの摩擦トルクに費やされる. したがってモータ側の運動方程式は, 回転子の慣性モーメント I_1 を 質量 m とみなした Euler の運動方程式によって次のように記述される.

$$I_1 \cdot \frac{d\omega_1}{dt} = T - M_f \qquad (6\cdot18)$$

式 (6・18) の左辺がモータの慣性モーメント (I_1) ×角加速度 $(d\omega_1/dt)$, 右辺がモータの出力トルク T とクラッチの摩擦で消費される摩擦トルク M_f である. ここで, I_1 は モータの回転子および回転軸を含めた慣性モーメント, ω_1 はモータ軸の回転角速度 $(2\pi N/60)$ である. t は回転のスタートからの時間である. 式 (6・18) の M_f に式 (6・17) を代入するとモータの角速度 ω_1 の時間的変化を求める 式 (6・19) が得られる.

$$I_1 \frac{d\omega_1}{dt} = T - C\omega_1^2 \qquad (6\cdot19)$$

式 (6・19) の **微分方程式** から, **変数分離法** によってモータの任意の角速度 ω_1 に到達するまでの時間 t が求められる. そのために 式 (6・19) の微分方程式において, dt および $d\omega_1$ をそれぞれ移項し, 変数を分離すると

$$dt = \frac{I_1 d\omega_1}{T - C\omega_1^2} \qquad (6\cdot20)$$

が得られる. この両辺を積分する. 積分の範囲は左辺の時間に関しては $t=0$ から任意時刻 t まで, 右辺の角速度も $\omega_1=0$ から同じ任意の時刻 t における角速度 ω まで行う.

第6章 回転する機械の特性解析

$$\int_0^t dt = I_1 \int_0^\omega \frac{1}{T - C\omega_1^2} d\omega_1 \qquad (6 \cdot 21)$$

左辺の積分は簡単で $\int dt = t + c$，右辺は，積分公式より $\int \frac{1}{a - x^2} dx = \sqrt{\frac{1}{a}} \tanh^{-1} \sqrt{\frac{1}{a}} x$

を採用する．これらより 式（6・21）の定積分は，

$$[t]_0^t = \frac{I_1}{C} \int_0^{\omega_1} \frac{1}{\dfrac{T}{C} - \omega_1^2} d\omega_1 = \frac{I_1}{C} \left[\sqrt{\frac{C}{T}} \tanh^{-1} \sqrt{\frac{C}{T}} \omega_1 \right]_0^{\omega_1} \qquad (6 \cdot 22)$$

$$\therefore t = \frac{I_1}{C} \sqrt{\frac{C}{T}} \tanh^{-1} \left(\sqrt{\frac{C}{T}} \cdot \omega_1 \right) \qquad (6 \cdot 23)$$

となる．この解は **逆双曲線正接関数** であるから，$\omega_1 = g(t)$ なる関数形にする．すなわち，時刻 t を与えたときのモータの回転角速度を定める形に変形すると，

$$\omega_1 = \sqrt{\frac{T}{C}} \tanh \left(\frac{\sqrt{TC}}{I_1} \cdot t \right) \qquad (6 \cdot 24)$$

となる．ここで 式（6・24）の時間 t を含む項を，次のような変数 β で置き換える．これを **無次元時間** β と呼ぶこととする．

$$\beta = \frac{\sqrt{TC}}{I_1} \cdot t \qquad (6 \cdot 25)$$

ところで 式（6・24）の右辺にある定数 $\sqrt{\dfrac{T}{C}}$ は，式（6・17）より $C = M_f / \omega_1^2$ であり，モータトルク直線と摩擦トルク曲線が交差する点では $T = C\omega^2$ である．その点の角速度を 図6・4 より $\omega = \omega_e$ とすると，$\sqrt{\dfrac{T}{C}} = \omega_e$ となる．これを 式（6・24）に代入し左辺に移項すると期せずして無次元化されたモータ側の **無次元角速度** (ω_1 / ω_e) となる．すなわち，

$$\frac{\omega_1}{\omega_e} = \tanh \beta \qquad (6 \cdot 26)$$

6・2 遠心クラッチの起動特性

となる.

図 6・5 は, 式 (6・26) によるモータ側の速度 (ω_1/ω_e) の無次元時間 β に対する変化である. これは**双曲線正接関数** $\tanh \beta$ で $\beta \approx 3.8$ 以後においてはほとんど

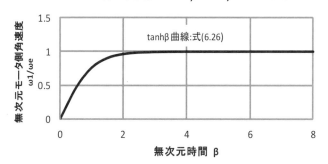

図6・5 モータ側の無次元時間に対する角速度の変化

1 となり, モータの角速度 ω_e に近づいていく. しかし無次元時間が $\beta < 3.8$ の区間においては, 慣性モーメント I_1 をもつモータの起動特性のため, $\omega_1 < \omega_e$ で角速度は徐々に上昇する.

6・2・3 負荷側の角速度特性

負荷側の運動方程式は, 荷重の慣性モーメントが I_2, これに働く外力は摩擦トルクが M_f であるから Euler の運動方程式より

$$I_2 \frac{d\omega_2}{dt} = M_f \qquad (6・27)$$

であるが, 式 (6・17) より $M_f = C\omega_1^2$ であるから, 式 (6・17) を式 (6・27) に代入し, さらに式 (6・24) を代入すると,

$$I_2 \frac{d\omega_2}{dt} = C \left(\sqrt{\frac{T}{C}} \tanh \left(\frac{\sqrt{TC}}{I_1} \cdot t \right) \right)^2 \qquad (6・28)$$

となる. 式 (6・28) は, 式 (6・19) と同様**変数分離形**であるから次のような積分式

第 6 章　回転する機械の特性解析

となる.

$$\int d\omega_2 = \frac{T}{I_2} \int \tanh^2 \left(\frac{\sqrt{TC}}{I_1} \cdot t \right) dt \tag{6・29}$$

ここで，式 (6・25) で定義した変数 β を時間で微分すると

$$\beta = \frac{\sqrt{TC}}{I_1} \cdot t, \qquad \frac{d\beta}{dt} = \frac{\sqrt{TC}}{I_1}, \qquad dt = \frac{I_1}{\sqrt{TC}} d\beta \tag{6・30}$$

となるから，式 (6・29) の右辺の積分 $\int dt$ は，式 (6・30) を適用すると無次元時間 β の積分となる．左辺の積分範囲は $\omega_2 = 0 \sim \omega_2$，右辺の積分範囲は $\beta = 0 \sim \beta$ であるから 式 (6・29) は，次のようになる.

$$\left[\omega_2 \right]_0^{\omega_2} = \frac{T}{I_2} \frac{I_1}{\sqrt{TC}} \int_0^\beta \tanh^2 \beta d\beta \tag{6・31}$$

この積分は，積分の公式より $\int \tanh^2 x dx = (x - \tanh x)$ であるから，式 (6・31) に適用すると，

$$\omega_2 = \frac{I_1}{I_2} \sqrt{\frac{T}{C}} (\beta - \tanh \beta) \tag{6・32}$$

が得られる．式 (6・32) が負荷側の無次元時間 β に対する角速度を与える特性式である．しかし 式 (6・32) は，右辺で用いられている I_1，I_2，T，C などが定められていないので，このままでは直接計算できない．そこで，**慣性モーメント比** を $I_1 / I_2 = \alpha$ なるパラメータで表示し，またモータのトルク曲線と摩擦トルク曲線とが交差する点の角速度は ω_e であるから $T = C\omega_e^{\,2}$ となり，したがって，$\sqrt{T/C} = \omega_e$ となるから，これらを，式 (6・32) に適用すると

$$\frac{\omega_2}{\omega_e} = \alpha (\beta - \tanh \beta) \tag{6・33}$$

が得られる．図 6・6 は慣性モーメント比 $I_1 / I_2 = \alpha$ を，$\alpha = 10, 2, 0.9, 0.5, 0.25, 0.1$ と変えた時の 式 (6・33) の計算結果である.

6・2 遠心クラッチの起動特性

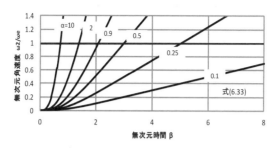

図6・6 慣性モーメント比 α の違いによる無次元角速度の変化

図6・6をみると慣性モーメント比 α によって負荷の角速度上昇に差が現れる．当然のことであるが，負荷側の慣性モーメントが小さいと角速度上昇も急激であることが分かる．ただし，各慣性モーメント比における角速度上昇曲線は，図 6・5 に示した $\tanh \beta$ 曲線と交差するまでで，それ以後はモータと負荷が一体化されるので角速度の上昇はまた異なる．

6・2・4 同期後の無次元時間 β に対する角速度 ω_2 の変化（② 同期後の運動）

図 6・4 で示したようにモータのトルクは横軸に水平な直線で，他方遠心クラッチのトルク曲線は ω の二次曲線を描く．この二つの曲線が交差する点での角速度を図6・4 では ω_e で示した．また，モータの回転数には上限があり，これを限界角速度または最終角速度と言って ω_r で示した．それは同期したときの角速度 ω_e より大きい．また，$\omega_e \sim \omega_r$ の区間においては，遠心クラッチに滑りもなくモータ軸とフライホイール軸とは一体化しているので，慣性モーメントは $I = I_1 + I_2$ となる．したがって，モータと負荷が一体化された同期以後の運動方程式は，

$$T = (I_1 + I_2)\frac{d\omega}{dt} \qquad (6・34)$$

となる．式 (6・34) は **変数分離法** で簡単に積分される．その際の積分範囲は，時間に関しては t_s から t まで，角速度に関しては ω_s から ω までである．ここに，t_s はモ

第6章 回転する機械の特性解析

ータ側の回転角速度と負荷側のフライホイールの回転角速度が一致した時刻，ω_s はその時の回転角速度を表す．尚先の ω_e は，モータの出力トルクと遠心クラッチの摩擦トルクが一致した回転角速度を表しており，この微妙な違いを混同しないことが必要である．したがって定積分を行うと

$$\int_{t_s}^{t} dt = \int_{\omega_s}^{\omega} \frac{(I_1 + I_2)}{T} d\omega, \quad \therefore t - t_s = \frac{(I_1 + I_2)}{T}(\omega - \omega_s) \tag{6・35}$$

となる．式 (6・35) の右辺の定数を左辺に移行し，右辺を ω_e で割り，$\omega_e = \sqrt{T/C}$ を適用すると，

$$\frac{\omega}{\omega_e} = \frac{\sqrt{TC}}{I_1 + I_2} t - \frac{\sqrt{TC}}{I_1 + I_2} t_s + \frac{\omega_s}{\omega_e} \tag{6・36}$$

を得る．ここで，分母の慣性モーメントの和 $(I_1 + I_2)$ は，**慣性モーメント比** $\alpha = I_1 / I_2$ を用いて表すと

$$I_1 + I_2 = \frac{1 + \alpha}{\alpha} I_1 \tag{6・37}$$

となる．式 (6・36) は，式 (6・37) と **無次元時間** $\beta = \dfrac{\sqrt{TC}}{I} t$ を用いると

$$\frac{\omega}{\omega_e} = \frac{\alpha}{1 + \alpha} \beta - \frac{\alpha}{1 + \alpha} \beta_s + \frac{\omega_s}{\omega_e} \tag{6・38}$$

となる．式 (6・38) の右辺は，第二項と第三項が定数であり，第一項は β の一次の項であるから $\omega/\omega_e = \alpha/(1+\alpha) \cdot \beta + b$ の一次方程式となっている．定数項 b は次式で示される．

$$b = -\frac{\alpha}{1 + \alpha} \beta_s + \frac{\omega_s}{\omega_e} \tag{6・39}$$

ところで定数項 b であるが，これは面白いことにゼロである．次にそれを証明する．二つの特性曲線 式 (6・26) と 式 (6・33) は同期点において角速度は互いに等しく，$(\omega_1/\omega_e)_s = (\omega_2/\omega_e)_s$ である．と同時に 式 (6・26) より $(\omega_1/\omega_e)_s = \left| \tanh \beta \right|_s$，また式 (6・33) より $(\omega_2/\omega_e)_s = \left| \alpha(\beta - \tanh \beta) \right|_s$ である．両者は同期しているから等

6・2 遠心クラッチの起動特性

しくイコールで結ぶと次の第一式となる．さらに左右の項を整理すると第二式となり，更に $\tanh \beta$ を (ω_s/ω_e) で置き換えると式 (6・40) の第三式が得られる．

$$\tanh \beta_s = \alpha(\beta_s - \tanh \beta_s), \quad \tanh \beta_s = \frac{\alpha}{1+\alpha}\beta_s, \quad \therefore \frac{\omega_s}{\omega_e} = \frac{\alpha}{1+\alpha}\beta_s \quad (6・40)$$

ところで，式 (6・40) の第三式は，式 (6・39) の第二項と同じである．したがって，直線の式の切片は $b=0$ になる．これより，同期後一体化された遠心クラッチ系の回転角速度は，原点を通る直線に沿って上昇することが分かる．以上から，同期し一体化した後の角速度は，式 (6・41) で示されるように β の一次方程式となる．

$$\frac{\omega}{\omega_e} = \frac{\alpha}{1+\alpha}\beta, \quad \beta \geq \beta_s \quad (6・41)$$

ただし式 (6・41) の適用範囲は，同期の時刻 $\beta=\beta_s$ から最終角速度 ω_r に達するまでの区間で有効である．

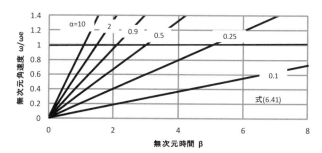

図6・7　モータとフライホイールが同期した後の角速度の変化

図6・7は，式 (6・41) による計算結果を示したものである．これより，慣性モーメント比 α の如何に係らず一体化後の角速度は，原点を通る直線に沿って上昇することが明らかとなった．

6・2・5 遠心クラッチの起動特性

図6・8は，図6・5で示したモータ側の特性曲線と 図6・6で示した負荷側の回転角速度の変化，および 図6・7で示した同期後から最終角速度までのモータ軸とライフホイール軸とが結合した後の回転角速度の変化を示した三特性曲線を同一の座標軸で示したものである．

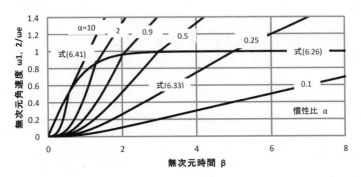

図6・8 遠心クラッチによるモータと負荷側の無次元時間に対する角速度変化

負荷側の角速度 (ω_2/ω_e) の上昇は，1 に漸近する双曲線正接曲線 ($\tanh\beta$ 曲線) を境にして異なった **特性曲線** を描く．前者は曲線，後者は原点を通る直線である．勿論両者の接合点は $\tanh\beta$ 曲線上にある．

● 考察

図6・8から次のように結論できる．

① クラッチの滑りは，モータトルクと摩擦トルク（クラッチトルク）が一致する回転 ω_e に達する直前になくなる．

② 慣性モーメント比 $(\alpha = I_1/I_2)$ が大きいと低い角速度で同期する．しかし実際のモータ駆動の負荷は $\alpha<1$ であり，ω_e 近くで同期する．

③ モータと負荷が同期し一体化した後に最終角速度まで上昇する直線の勾配と，負荷が同期に近づく曲線の勾配には差がある．しかし，慣性モーメント比が

6・2 遠心クラッチの起動特性

$\alpha < 1$ では，一体化前後の勾配差は少なく，回転角速度は滑らかに上昇する.

④ モータの最終角速度 ω_r に達するまでの時間は，式（6・41）で示されているように ω_e や α が関係し，これらを構成する T，C，I_1 および I_2 の値が必要である.

⑤ 最終角速度 ω_r に達する時間 t は，図6・8と図6・7を比較すると，各曲線や直線の到達点の時間と回転角速度が等しいことから，モータが負荷と一体化した系がそのまま静止から ω_r に達する時間 t と同じである.

注）モータ回転子の慣性モーメントの捩じり振動法での測定方法は，下記参照のこと.
西村正太郎，林千博編：自動制御用電気機器Ⅰ （1964）p.266，朝倉書店

6・2・6 滑り区間におけるエネルギー損失

モータとフライホイールの回転が一致し両軸が一体化するまでの区間は，クラッチにおいて滑りが生じ，モータ出力 T の一部は **摩擦エネルギー** として散逸される. この滑りによる **エネルギー損失** （仕事の損失）は，モータ出力Tによる仕事（ 力×速度＝トルク×角速度 ）から滑りを生じている区間の負荷側の運動エネルギー$(1/2 \cdot mV^2 \Leftrightarrow 1/2 \cdot I_1\omega^2)$ を差し引いたものである. ここで，モータトルクT は一定であるが **滑り区間** のモータ側の角速度ω_1はスタートから同期点β_sまで 式（6・26）で示したようにtanh 曲線に沿って上昇する. したがって，ある時刻のモータ角速度ω_1における単位時間の仕事（エネルギー）は仕事の定義から次式で示される.

$$\Delta E_M = \omega_1 T \qquad (6 \cdot 42)$$

ところで，スタートから同期点までの間モータがなす仕事（エネルギー）は，式（6・42）を時間 t に関して $0 \sim t_s$ まで，または無次元時間 β に関しては $0 \sim \beta_s$ まで積分することによって求まる. すなわち 式（6・26），式（6・25）を考慮すると，

$$E_M = \int_0^{t_s} T\omega_1 dt = T\omega_e \int_0^{t_s} \tanh \beta dt = \frac{T\omega_e I_1}{\sqrt{TC}} \int_0^{\beta_s} \tanh \beta d\beta \qquad (6 \cdot 43)$$

128

第6章 回転する機械の特性解析

となり，モータの仕事が定まる．式 (6・43) の積分は $\int \tanh \beta \cdot d\beta = \log_e \cosh \beta + C$

（積分定数）であり，$\beta = 0$ のとき $\log_e \cosh \beta = 0$ であるから C（積分定数）$= 0$ となり，同期点 $\beta = \beta_s$ までのモータのなす仕事（エネルギー）は 式 (6・17) も考慮すると，

$$\therefore E_M = I_1 \omega_e^2 \, log_e \, cosh \, \beta_s \qquad (6 \cdot 44)$$

となる．他方，同期点で一体化された回転体がクラッチを通して受けた **運動エネルギー** は，

$$E_k = \frac{1}{2}(I_1 + I_2)\omega_s^2 = \frac{1}{2}\frac{1+\alpha}{\alpha}I_1\omega_s^2 \qquad (6 \cdot 45)$$

である．したがって，クラッチの滑りで散逸される **エネルギー損失** は，式 (6・44) のモータがなした仕事（エネルギー）から 式 (6・45) の回転体が受け取ったエネルギーを引いたものである．したがって

$$E_f = E_M - E_K = I_1 \omega_e^{\,2} \log_e \cosh \beta_s - \frac{1}{2}\frac{1+\alpha}{\alpha}I_1\omega_s^{\,2} \qquad (6 \cdot 46)$$

となる．式 (6・46) で示されるエネルギー損失は，トルク曲線とクラッチ特性曲線の交点における角速度 ω_e，モータ回転子の慣性モーメント I_1，慣性モーメント比 (I_1/I_2)，同期点での角速度 ω_s および無次元時間 β_s を定めることで算出される．

　ここで，滑りによるエネルギー損失の特性を知るために **無次元化** を行う．それには，角速度 ω_e におけるモータ回転子の **運動エネルギー** $(1/2 \cdot I_1\omega_e^{\,2})$ に対する **エネルギー損失** を表示する．すなわち，式 (6・46) は

$$\frac{E_f}{1/2 \cdot I_1\omega_e^2} = 2 \cdot log_e \, cosh \, \beta_s - \frac{1+\alpha}{\alpha}\left(\frac{\omega_s}{\omega_e}\right)^2 \qquad (6 \cdot 47)$$

となる．式 (6・47) の第二項は，式 (6・40) の第三式 $(\omega_s/\omega_e) = \alpha/(1+\alpha)\beta_s$ より，

$$\frac{E_f}{1/2 \cdot I_1\omega_e^2} = 2 \cdot \log_e \cosh \beta_s - \frac{\alpha}{1+\alpha}\beta_s^{\,2} \qquad (6 \cdot 48)$$

となる．式 (6・48) の **無次元同期時間** β_s は，起動特性の 図6・8 から分かるように

6・2 遠心クラッチの起動特性

慣性モーメント比 α によって異なる. そこで, 図 6・8 から慣性モーメント比 α が $\alpha<0.5$ であれば $(\omega_s/\omega_e)=1=\alpha/(1+\alpha)\beta_s$ であることから, 無次元同期時間は $\beta_s=(1+\alpha)/\alpha$ となる. したがって, **無次元エネルギー損失** を与える 式 (6・48) は,

$$\frac{E_f}{1/2 \cdot I_1 \omega_e^2} = 2 \cdot \log_e \cosh\frac{1+\alpha}{\alpha} - \frac{1+\alpha}{\alpha} \tag{6・49}$$

となって無次元エネルギー損失は慣性モーメント比 α のみの関数となる.

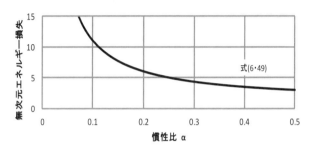

図6・9 慣性モーメント比 α に対する無次元エネルギー損失

図6・9は, 式 (6・49) を用いて回転角速度比 (ω_s/ω_e) が 1 になる慣性モーメント比 $\alpha<0.5$ 以下におけるエネルギー損失を示したものである

● 考察
① 滑り区間の滑りによるエネルギー損失は, モータのなす仕事 (トルク×角速度) とモータと負荷の回転が一致した同期点における運動エネルギー (基本的には仕事) との差から求められる.
② クラッチの滑り区間におけるエネルギー損失は, 慣性モーメント比 α やモータトルク曲線 T とクラッチ摩擦トルク M_f 曲線との交点における角速度 ω_e など遠心クラッチ全体の特性の値によって定まる.
③ ただしエネルギー損失には, それらの中で慣性モーメント比 α が大きく影

第6章　回転する機械の特性解析

響する.

④　エネルギー損失を低減するには，$1/2 \cdot I_1 \omega_e^2$ を小さくすることである. それと同じことであるがトルクークラッチ曲線が交差する点の角速度 ω_e を小さくすることでもある.

⑤　角速度 ω_e を小さくするには，遠心クラッチ定数 C を大きくするか，またはモータトルク T を小さくすることである.

⑥　図6・8で示したように慣性モーメント比 α が $\alpha < 0.5$ 以下であると，同期角速度比がほぼ $\omega_s / \omega_e \approx 1$ になるので，無次元同期時間 β_s が $(1+\alpha)/\alpha$ となることを考慮して求めた慣性モーメント比に対するエネルギー損失は 図6・9に示されているが，$\alpha = 0.1$ のように負荷が大きくなるとエネルギー損失は回転子の持っている運動エネルギーの10倍にもなることが分かる.

第6章 参考文献

(1)　CHARLES R. MISCHKE : Elements of Mechanical Analysis (1963)
　　　ADDISION・WESLEY PUBLISHING COMPANY Inc.

第7章 振動の伝達と衝撃振動
— 過渡現象および衝撃 —

7・1 単振動系に山形状衝撃を与えた場合の過渡現象の解析
[単振動の初期速度をパルスとした単振動系の時間に対する振幅の変化について]

質量5000kg の装置が，総ばね定数 $k = 1.5MN/m$ のばねで支持されている．その基盤が，図7・2 で示したように時間に対して外部から **三角状パルス（衝撃）** を受けた．この時の基盤上の質量 m の変位 $Y(t)$ の変化を調べる．なお，この振動は粘性のない **自由振動** であるとする．

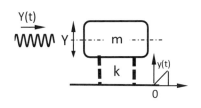
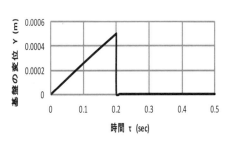

図7・1 基盤に加わる三角状パルス[(1)] 図7・2 三角状パルスの時間に対する変化

7・1・1 解析式の誘導

図7・1に示す基盤上の質量 m の装置についての運動方程式は，基盤と質量 m の装置との間のばね定数を k，パルスによる基盤の変位を $y(\tau)$ とすると 式（7・1）に示した **強制振動方程式** で表わされる．ここに τ は基盤にパルスが加わってからの時間で

第 7 章　振動の伝達と衝撃振動

ある.

$$\ddot{Y} + \frac{k}{m} Y = \frac{k}{m} y(\tau) \qquad (7\cdot1)$$

ここで, 式 (7・1) の右辺をゼロとすると一自由度の **振動方程式** になる.

$$\ddot{Y} + \omega_n^2 Y = 0 \qquad (7\cdot2)$$

ここに, ω_n は $\omega_n = \sqrt{k/m}$ で, **固有振動数**である. 式 (7・2) の解の形として $Y = c_1 \cos \omega_n t + c_2 \sin \omega_n t$ を仮定し, $t = 0$ における初期値として $Y = Y_0$ および初速度 $\dot{Y} = \dot{Y}_0$ を与えると, 二つの定数 $c_1 = Y_0$, $c_2 = \dot{Y}_0/\omega_n$ が得られる. これより 式 (7・2) の一般解は,

$$Y = Y_0 \cos \omega_n t + \frac{\dot{Y}_0}{\omega_n} \sin \omega_n t \qquad (7\cdot3)$$

となる. 第一項は **初変位** の変化であり, 第二項が初速度による変位への影響である. そこで単位質量に対する **衝撃力** を q, その **力積** を $q \cdot d\tau$ とすると, 速度の時間微分は加速度でありこれに質量を掛けると力であるから

$$d\dot{Y} = \frac{q}{m} \cdot d\tau \qquad (7\cdot4)$$

が成り立つ. これは物体に $q \cdot d\tau$ なる衝撃を与えると $d\dot{Y}$ なる微小な速度が生じることを示している. そこで任意時刻 τ において $q \cdot d\tau$ なる衝撃を 図7・1の基盤に加えると物体 m の変位は 式 (7・3) の第二項で求められる. すなわち時刻 τ において衝撃を与えると, 式 (7・4) のように速度が $d\dot{Y}$ だけ増え, その変位は $\sin \omega_n t$ で後方へ伝えられる. したがって時刻 $t(t > \tau)$ における変位 dY は, 式 (7・4) を加味した 式 (7・3) の第二項より,

$$dY = \frac{q \cdot d\tau}{m \cdot \omega_n} \cdot \sin\{\omega_n(t-\tau)\} \qquad (7\cdot5)$$

となる. 衝撃力 q が連続であれば, 微小時間の作用の連続と考え, その区間全体の和と

7・1　単振動系に山形状衝撃を与えた場合の過度現象の解析

なる．したがって 式（7・5）は，

$$Y(\tau) = \frac{1}{m \cdot \omega_n} \int_0^t q \cdot \sin\{\omega_n(t-\tau)\}d\tau \tag{7・6}$$

となる．単位質量に対する弾性力はばね定数 k を用いると $q = k \cdot v(\tau)$ であるから，
式（7・6）　　7・1　単振動系に山形状衝撃を与えた場合の過度現象の解析

$$Y(\tau) = \int_0^t \frac{k \cdot y(\tau)}{m \cdot \omega_n} \cdot \sin\{\omega_n(t-\tau)\}d\tau \tag{7・7}$$

となり，式（7・7）は 式（7・1）の特殊解となる．

　これが，過渡的に変位 $y(\tau)$ が与えられたときの基盤上の装置 m の**変位**である．また，式（7・7）がDuhamel（デュアメル）の粘性のない過渡振動における変位への影響を与える式である．本題では初変位，初速度のいずれもゼロとするので，式（7・7）によって，$y(\tau)$ が時間的に **山形状衝撃** として与えられている場合の **自由振動** の**過渡現象** を解析する．式（7・7）の各区間における定積分は，**部分積分法** によって衝撃区間の変位が求まる．

7・1・2　三角パルスを受ける区間Ⅰとその後の区間Ⅱについて

　図7・2に示した三角状パルス（衝撃）を受ける区間Ⅰとその後の区間Ⅱについて式（7・7）を適用すると，

区間Ⅰ：　$0 \leq \tau \leq 0.2$,

$$YI(t) = \int_0^{0.2} \frac{k \cdot y_1}{m \cdot \omega_n} \sin\{\omega_n(t-\tau)\}d\tau \tag{7・8}$$

区間Ⅱ：$0.2 \leq \tau$,

$$YII(t) = \int_0^{0.2} \frac{k \cdot y_1}{m \cdot \omega_n} \sin\{\omega_n(t-\tau)\}d\tau - \int_{0.2}^t \frac{k \cdot y_2}{m \cdot \omega_n} \sin\{\omega_n(t-\tau)\}d\tau \tag{7・9}$$

となる．図7・2に示した三角状パルスの **変位関数** は次の通りである．

$$y_1 = 2.5 \times 10^{-3} \cdot \tau$$

$$y_2 = 0.5 \times 10^{-3}$$

区間Ⅰの変位関数 y_1 は時間 τ の一次関数であり，式 (7・8) の部分定積分を行うと式 (7・10) が得られる．

$$YI(t) = 2.5 \times 10^{-3} \cdot \left[t - \frac{1}{\omega_n} \sin\{\omega_n(t)\} \right] \quad (7・10)$$

区間Ⅱはパルスがゼロすなわち $y = 0$ であり，$\tau \geq 0.2$ 以降においてパルスの最高点以降のパルス変位は 図7・2で示したように減少させなければならない．したがって，式 (7・10) に示したように増加分を減少させている．式 (7・9) の定積分を行うと式 (7・11) が得られる．

$$YII(\tau) = 2.5 \times 10^{-3} \cdot \left[0.2 \cdot \cos\{\omega_n(t-0.2)\} + \frac{1}{\omega_n} \sin\{\omega_n(t-0.2)\} - \frac{1}{\omega_n} \sin(\omega_n t) \right]$$
$$- 0.5 \times 10^{-3} [1 - \cos\{\omega_n(t-0.2)\}]$$

$$(7・11)$$

しかしながら，式 (7・11) の計算を続けると YII の変位は 0.5×10^{-3} を中心に変動する．それは三角パルスがそのまま残り，$\tau = 0.2$ になっても最高変位が残っている．そこで，式 (7・11) による数値解 $t = 0.2$ 以降のパルス効果をゼロにするために 0.5×10^{-3} を代数的に引き，自由振動に移行する様子を 図7・3に示した．

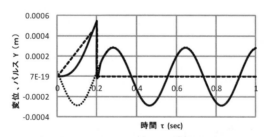

図7・3　三角パルスによる装置の振幅変化

7・1　単振動系に山形状衝撃を与えた場合の過度現象の解析

7・1・3　計算結果

図7・3は式 (7・10)，式 (7・11) より求めた三角パルスを受けた基板上の装置が受ける振幅である．計算の刻み時間は 0.02sec，τ は 0〜1sec である．三角パルスを受けた初期変動は装置を上方に押し上げている．$\tau = 0.2$ に至るとパルスは消え，同時に系に粘性がないので変位は急激に低下し，自由振動に戻る．

自由振動の振幅は式 (7・11) の $\sin(\omega_n)$，$\cos(\omega_n)$ に関する二項式を単項式で表わす方法を採用すると，$a \cdot \sin(\alpha) + b \cdot \cos(\alpha) = \sqrt{a^2 + b^2} \cdot \sin(\alpha + \phi)$ なる単項式より次のような値を得る．

$$YII(\tau) = 10^{-3} \times \left[0.5 \times \sin(0.2\omega_n) + 2.5 \times \frac{1}{\omega_n} \cos(0.2\omega_n) - 2.5 \times \frac{1}{\omega_n} - 0.5 \times \sin(0.2\omega_n) \right] \times \sin(\omega_n t)$$

$$+ 10^{-3} \times \left[0.5 \times \cos(0.2\omega_n) - 2.5 \times \frac{1}{\omega_n} \sin(0.2\omega_n) - 0.5 \times \cos(0.2\omega_n) \right] \times \cos(\omega_n t)$$

$$(7 \cdot 12)$$

式 (7・12) によると振幅 c は

$$a = 10^{-3} \times \left[0.5 \times \sin(0.2\omega_n) + 2.5 \times \frac{1}{\omega_n} \cos(0.2\omega_n) - 2.5 \times \frac{1}{\omega_n} - 0.5 \times \sin(0.2\omega_n) \right]$$

$$b = 10^{-3} \times \left[0.5 \times \cos(0.2\omega_n) - 2.5 \times \frac{1}{\omega_n} \sin(0.2\omega_n) - 0.5 \times \cos(0.2\omega_n) \right]$$

$$c = 10^{-3} \times (a^2 + b^2)^{0.5} \qquad\qquad \therefore c = 2.64 \times 10^{-3} m$$

となった．

● 考察

① 図7・2に示された折れた直線が三角状パルス衝撃で，基盤への変位入力である．図7・3において，変位パルス衝撃が加わると装置は直ちに点線の振幅より実線の変位に変わる．いわゆる振動の過渡現象で 0.2sec 後の変位入力

第7章 振動の伝達と衝撃振動

は急激にゼロとなり，基盤上の装置 m はただちに自由振動に移行している．

② 参考文献に記載の J. S. Anderson らは，過度現象の簡単な問題に Duhamel 積分法を取り入れた．その際，基本的な考え方は1974年刊の 第4版 **チィモシェンコ** の ”工業振動学“ にあることを指摘している．谷下市松，渡部茂共訳の第3版1954年刊では，過渡現象を扱っている §18(p.91) の中にその基本となる考えがみられるが，Duhamel 法の直接的な記載はみられない．以上の理由でこの問題の解析を行うに当たりその解析式の誘導を加えることにした

③ また，過渡現象の解析に亘理厚が “ 機械振動学 “（ 機械工学講座7, 10版 (1969) 共立出版 ）で，Duhamel の名称なしに 式 (7・1) の一般解に 式 (7・7) の解を加えた公式のみを紹介している．

$$Y = \frac{Y_o}{m}\cos\omega_n t + \frac{\dot{Y}_o}{m\omega_n}\sin\omega_n t + \int_0^{t_1}\frac{ky(\tau)}{m\omega_n}\sin\omega_n(t_1-\tau)d\tau \qquad (7・13)$$

④ ところで，任意の衝撃を $e(t)$ で表すとそれによる応答は，

$$r(t) = \int_0^t e(t)g(t-\tau)d\tau$$

であり，これを **Duhamel 積分** と言う．ここで，τ は衝撃を加えたときの時刻，$g(t-\tau)$ は $\delta(t-\tau)$ 時間に対する応答（パルスの影響）であり，本題では，$g(t-\tau) = \sin\{\omega_n(t-\tau)\}/(m\omega_n)$ である．ただし，ω_n は固有振動数（$=\sqrt{k/m}$）である．

⑤ 振動方程式は初期条件を与えることで解が得られる．その解のうちに，初速度を持った項がある．その項は質量を1としその質量に q なる力を加えると，

$\dfrac{d\dot{x}}{dt} = q$ なる運動方程式が成立する．これを $d\dot{x} = qdt$ とすれば与えられ

た質量は力積 qdt によつて $d\dot{x}$ の微小な速度を得たことになる．そこで，

q は弾性系に与えるものであるからばね定数を用いて変位を y とすると

7・2 落下物による衝撃とその受け手の振動

$qdt = kydt$ となる. したがって, 振動方程式の解にある初速度は,

$d\dot{Y} = kydt$ で示されることが分かる. この微小速度の時間に対する総和となる積分式形式が, **Duhamel 積分** の基本であると考える.

⑥ 図 7・3 に示されたように, 変位パルス衝撃が次々と現れて変位に影響を与えていることが分かる. また, パルスの各区分における接続は 図 7・3 からも分かるように滑らかに連結されている.

⑦ Duhamel 積分を定積分として解くには多少混乱するが, 部分積分法を逐次繰り返すことで数値計算式のように係数を主とした式に整理することが出来る.

⑧ 基盤に加えられた変位による衝撃で順次変位が増加, あるいは加えられる衝撃が減少するときは, 速度は先々において減少する. これらは, 逐次発生する変位の積み重ねによる変位の総和によるが, これを "組み込み" という.

7・2 落下物による衝撃とその受け手の振動
[衝突問題における運動量の法則とその後の振動]

ハンマーの落下によって金物を **塑性変形** させるいわゆる **鍛造加工** において, **金敷** を通して作業床が振動する. このような衝突による振動問題で, 力積を採用することなく衝突前後において運動量が保存されるという "**運動量の保存則**" によって未知なる速度を求め金敷の振動問題を解決する場合がある. その際に, 力積に代わって衝突後に発生する反発の速度比, すなわち "**反発係数**" を採用し衝突前後の速度を求める. 他方, 衝撃による金敷の振動について金敷の質量, 金敷を支持する部材のばね定数および振動を減衰させるための **抵抗係数** を考慮した運動方程式を求める. その運動方程

式を解くための初期条件に運動量の保存則から求めた速度を用い，金敷台の**減衰振動**を解析する．

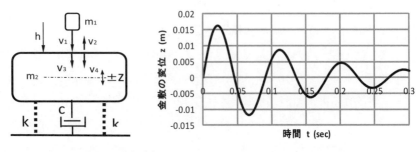

図7・4　ハンマーの落下と金敷 [1]　　　図7・5　金敷の減衰振動

図7・4は重さWのハンマーが高さ$h(m)$から自然落下し，その衝撃を加工物を通して金敷が受け振動する様子を減衰を伴う一次元振動系としてモデル化したものである．

7・2・1　衝撃速度と運動量保存の法則による金敷の速度

金敷への衝突直前の速度v_1は初速なしの自由落下速度の式より，

$$v_1 = \sqrt{2gh} \quad \left(\frac{m}{\sec}\right) \tag{7・14}$$

で与えられる．ここにgは重力加速度である．また，衝突前後の運動量は保存されることより，ハンマーの質量をm_1，衝突直前のハンマーの速度をv_1，衝突後の跳ね返り速度（または金敷への食い込み速度）をv_2，同様に金敷の質量をm_2，金敷の衝突前の速度をv_3，ハンマーの衝突によって金敷が動く速度をv_4とすると，運動量の保存則から 式 (7・15) が得られる．

$$m_1(v_1 - v_2) = m_2(v_4 - v_3) \tag{7・15}$$

ここで，上記の速度 (v_1, v_2, v_4, v_3) より**反発係数** λ を次のように定義する．

$$\lambda = -\frac{(v_4 - v_2)}{(v_3 - v_1)} \tag{7・16}$$

7・2 落下物による衝撃とその受け手の振動

金敷の初めの速度 v_3 は 0 であるから，衝突後のハンマーの跳ね返り速度 v_2 として，

$$v_2 = v_4 - \lambda v_1 \tag{7・17}$$

が得られる．

ここで 式 (7・17) の v_2 を 式 (7・15) に代入して v_4 を求めると 式 (7・18) になる．

$$v_4 = v_3 + \frac{m_1}{m_2}\left\{(1+\lambda)v_1 - v_4\right\} \tag{7・18}$$

これよりハンマーが金敷に衝突したあとの速度 v_4 は，

$$v_4 = \left(\frac{m_2}{m_1 + m_2}\right)\left\{v_3 + \frac{m_1}{m_2}(1+\lambda)v_1\right\}$$

ここで，金敷の衝突前の速度は $v_3 = 0$ であるから，金敷の衝突後の初速度 v_4 は，

$$v_4 = \frac{m_1}{m_1 + m_2}(1+\lambda)v_1 \tag{7・19}$$

となる．この速度は，運動方程式の解を得るための初期条件として使用される重要な値である．

7・2・2 金敷の運動方程式

金敷の振動は Newton（ニュートン）の**運動方程式** で記述される．ここでは，金敷が衝撃で動かされた後に **自由減衰振動** をするのでその減衰係数，減衰角振動数を求めることにする．

ところで自由減衰振動の運動方程式は，金敷の変位を z とし，金敷の質量を m_2，図7・4 に示した金敷を支持する系のばね定数を k とすると，この二つから求められる．また，系の固有振動数 $\omega_n = \sqrt{k/m_2}$ および**抵抗係数** C さらに **減衰係数** $\varsigma = C/2\sqrt{m_2 k}$ を用いると

第 7 章　振動の伝達と衝撃振動

$$\frac{d^2z}{dt^2} + 2\varsigma\omega_n\frac{dz}{dt} + \omega_n{}^2 z = 0 \tag{7・20}$$

ここに,

$$\frac{k}{m_2} = \omega_n{}^2, \qquad C_C = 2\sqrt{km_2}, \qquad \varsigma = \frac{C}{C_C} = \frac{C}{2\sqrt{km_2}}, \qquad \therefore C = 2\varsigma\sqrt{km_2} \tag{7・21}$$

となる. 式 (7・20) の微分方程式の解を $z = \alpha e^{\lambda t}$ と仮定すると, λ の二次方程式となり,

$$\lambda^2 + 2\varsigma\omega_n\lambda + \omega_n{}^2 = 0 \tag{7・22}$$

この根は,

$$\lambda = \frac{-2\varsigma\omega_n \pm \sqrt{(2\varsigma\omega_n)^2 - 4\omega_n{}^2}}{2} \tag{7・23}$$

であるから,

$$\left.\begin{array}{l} \lambda_1 = -\varsigma\omega_n + \omega_n\sqrt{\varsigma^2 - 1} \\ \lambda_2 = -\varsigma\omega_n - \omega_n\sqrt{\varsigma^2 - 1} \end{array}\right\} \tag{7・24}$$

となる. ここで, 減衰係数 ς は $\varsigma \leq 1$ であるので, **減衰振動数** $\omega_d = \omega_n\sqrt{1-\varsigma^2}$ を定義するとともに虚数 $\sqrt{-1} = i$ を用いると 式 (7・24) は,

$$\left.\begin{array}{l} \lambda_1 = -\varsigma\omega_n + i\omega_d \\ \lambda_2 = -\varsigma\omega_n - i\omega_d \end{array}\right\} \tag{7・25}$$

となる. したがって 式 (7・22) の解は,

$$z = C_1 e^{(-\varsigma\omega_n + i\omega_d)t} + C_2 e^{(-\varsigma\omega_n - i\omega_d)t} \tag{7・26}$$

となる. 式 (7・26) において恒等式 $e^{\pm i\alpha t} = \cos(\alpha t) \pm i\sin(\alpha t)$ を用いると,

$$z = e^{-\varsigma\omega_n t}\left[C_1\{\cos(\omega_d t) + i\sin(\omega_d t)\} + C_2\{\cos(\omega_d t) - i\sin(\omega_d t)\}\right] \tag{7・27}$$

ここで, $C_1 + C_2 = A$, $\quad i(C_1 - C_2) = B$ とおくと,

7・2　落下物による衝撃とその受け手の振動

$$z = e^{-\varsigma\omega_n t}\{A\cos(\omega_d t) + B\sin(\omega_d t)\} \tag{7・28}$$

が得られる.

さらに金敷の振動を求めるために 初期条件を用いて 式 (7・28) の定数 A, B を決定する. まず, $t = 0$ の時 $z = 0$ より, 指数関数 $e^0 = 1$ であるとともに右辺第二項は 0 であり, したがって $z = 0$ になるには $A = 0$ である. したがって 式 (7・28) は,

$$z = Be^{-\varsigma\omega_n t}\sin(\omega_d t) \tag{7・29}$$

となる. さらに定数 B は 式 (7・29) を微分して金敷の衝突後の初速度 v_4 とおくと,

$$\frac{dz}{dt} = Be^{-\varsigma\omega_n t}\{-\varsigma\omega_n \sin(\omega_d t) + \omega_d \cos(\omega_d t)\} = v_4 \tag{7・30}$$

となり, この時 $t = 0$ であるから,

$$\frac{dz}{dt} = B\omega_d = v_4 \qquad\qquad \therefore B = \frac{v_4}{\omega_d} \tag{7・31}$$

が得られる. したがって金敷の振動は 式 (7・29) より

$$z = \frac{v_4}{\omega_d}e^{-\varsigma\omega_n t}\sin(\omega_d t) \tag{7・32}$$

で求まる. 他方, 最大振幅は振動の速度 dz/dt が 0 になった時刻 t から求められる. すなわち 式 (7・30) において

$$-\varsigma\omega_n \sin\omega_d t + \omega_d \cos\omega_d t = 0$$

とすると

$$\tan\omega_d t = \frac{\omega_d}{\varsigma\omega_n}, \qquad \therefore t = \frac{1}{\omega_d}\tan^{-1}\frac{\omega_d}{\varsigma\omega_n} \tag{7・33}$$

したがって, 最大振幅は 式 (7・32) に 式 (7・33) で得た時間 t を代入することで得られる.

図 7・5 の振動の形は, 次のような係数を用いて計算した結果である.

第7章　振動の伝達と衝撃振動

固有振動数：　　　$\omega_n = \sqrt{\dfrac{k}{m}} = \sqrt{\dfrac{9.8 \times 10^6}{2 \times 10^3}} = 70 \, \dfrac{rad}{\sec}$

減衰パラメータ：　$2\varsigma\omega_n = 2 \times 0.1 \times 70 = 14$，ただし　$\varsigma = 0.1$

減衰固有振動数：　$\omega_d = \omega_n\sqrt{(1-\varsigma^2)} = 70 \times \sqrt{(1-0.1^2)} = 69.65 rad/\sec$

減衰周期：　　　$T_n = \dfrac{2\pi}{\omega_d} = \dfrac{6.283}{69.65} = 0.0902 \sec$

　　　　　　　　　$v_4 = 1.31 m/\sec$

　　　　　　　　　$t = \dfrac{1}{\omega_d}\tan^{-1}\dfrac{\omega_d}{\varsigma\omega_n} = 0.021 \sec$

　　　　　　　　　$z_{max} = 0.016 m$

尚，ハンマーの落下高さは $1.2m$，ハンマーの質量は $500kg$，金敷の質量は $2000kg$，これをばね定数 $k = 9.8MN/m$，と $28kNs/m$ の粘性抵抗を持った **減衰器** で支持されている．　さらに反発係数は 0.35 として計算した．

- 考察

① 衝突問題における等式化には力積が取り上げられるが，この扱いは非常に難しく，衝突前後の速度変化に注目した" 運動量の保存則 "によって解析する．　その際，反発係数が導入される．

② 一般に大型な金敷は鋼構造の土台に設置されているので，本題のようにその支持を単純なばね―減衰系で置き換えることには難があるが，衝撃振動の特性を考察するには適当な方法であり，多くの機械運動が振動問題に帰結された上においては，その機構を理解する上に役立つものであると言える．

③ 金敷本体の振動方程式を解くにあたり，ハンマーの衝撃を外力として扱わずに，支持部のばね―減衰器系で置き換えた二階常微分方程式は 2 個の未定定数を持っている．いずれも初期条件で定めるが，一つは金敷本体の衝突後

7・2 落下物による衝撃とその受け手の振動

の初速度で，他の一つは〝運動量の保存則〟から求められる初期条件が使
われる．ここにこの問題の主要点がある．

④ 参考文献 J. S. Anderson, M. Bratos-Anderson : Solving Problems in
VIBRATIONS (1987) Longman Scientific & Technical では運動量の式，あ
るいは振動の式に数値を入れて解を求めながら著述しているが，ここでは運
動量の保存則の適用，運動方程式の解法を述べたのちに数値を代入してその
解を求める方法を取った．

⑤ 減衰振動の計算に使用した数値は，④記載の参考文献原著のものを使用し
た．

⑥ 二つの初期条件のうち一つはゼロであることから運動方程式の解は一項の
みである． もし二つの定数が共にゼロでなければ位相を持った解になるこ
とを示唆しておく（S. Timoshenko 著，谷下市松訳：工業振動学上巻 (1950)
p. 4, コロナ社）．

第7章 参考文献

(1) J. S. Anderson and M. Bratos-Anderson : Solving Problems in VIBRATIONS (1987)
Longman Scientific & Technical

(2) チィモシェンコ著，谷下市松，渡辺茂訳：振動学 (1978) 東京図書

(3) S. Timoshenko 著，谷下市松訳：工業振動学上巻 (1950) コロナ

第8章　熱の放散と流れの解析
— 熱伝導および突起物まわりの流れ —

8・1　ベッセル方程式による三角フィンにおける熱放散の基礎的解析
[微小部の両断面における熱の出入：保存則]

　物質内の熱は温度の高い部分から低い部分へと流体のように移動する．この移動を方程式で表現するには，管路を流れる流体のようにある断面における熱の流入と少し離れた断面における熱の流出およびその区間の表面からの外気への放熱を考慮した"熱の平衡式"を作ればよい．その基本原理は，熱伝導によって伝えられる熱の流れは温度勾配に比例するという"フーリエの法則"である．

　ここでは，図8・1に示した三角フィンにおける熱の伝導，放出について考察する．この問題は，熱伝導の入門的な基本問題であり多くの書物で扱われているが，ここで敢えて取り上げたのは"熱の平衡式"は簡単であるがその方程式を解くには**変形されたベッセルの微分方程式**に変換し，その解に **Bessel（ベッセル）関数** を用いることにある．すなわち，解を得るために解が得られている基本方程式に変換することにある．ここでは，ロシアの参考書「熱伝導」（参考文献 (1)）を参照にし解析の過程を追うことにした．

8・1・1　基礎式の誘導とその解

　三角フィンの任意位置 x における微小部 dx の熱の平衡式を求める．熱源は三角

第8章 熱の放散と流れの解析

フィンの根元部であり，その幅はδ_1である．図8・1に示したようにフィンの先端からの長さはx_1，先端から任意点xでのフィンの幅をδとする．さらにフィンの底部に向かって微小幅としてdxを選ぶ．このような微小部を扱うのは微小区間内における熱の変化が直線的で，"フーリエの法則"が適用され，"熱の平衡式"が単純化されるためである．

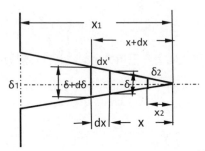

図8・1 三角フィンの形状とその寸法 [1]

ここで図8・1のように微小区間をもつx断面における熱量の流入，流出を考えるが，フィンの幅δ，その点の温度をθ，微小区間dxの上流側のフィンの幅を$(\delta+d\delta)$，フィンの開き角度を2φ，またdx区間における温度の降下割合を$d\theta/dx$なる導関数を用いて示すと，熱量の流入量，流出量，放出量は次の式(8・1)，式(8・2)，式(8・3)となる．

微小部への熱量の流入量：
$$Q_{x+dx} = \lambda \frac{d}{dx}\left(\theta + \frac{d\theta}{dx}dx\right) \cdot (\delta + d\delta) \qquad (8 \cdot 1)$$

微小部からの熱量の流出量：
$$Q_x = \lambda \frac{d\theta}{dx}\delta \qquad (8 \cdot 2)$$

微小部の上下表面からの放出量：
$$Q_s = 2\alpha \cdot dx' \cdot \theta = 2\alpha \cdot \frac{1}{\cos\varphi}dx \cdot \theta \qquad (8 \cdot 3)$$

ただし，λは熱の流れ易さを表す**熱伝導率**で，単位は$J \cdot m/s^2 \cdot m^2 \cdot °C$または$W/m \cdot K$であり，$\alpha$はフィンから空気への熱の伝わり易さを表す**熱伝達率**で，単位は$W/m^2 \cdot K$である．

8・1　ベッセル方程式による三角フィンにおける熱放散の基礎的解析

式 (8・1) は，左辺の添え字にあるように，x 断面の温度を θ としたとき $x+dx$ 断面に流れ込む熱量である．その微小区間 dx における温度勾配を $d\theta/dx$ なる導関数で示す．それに区間幅の dx を掛けることにより $x+dx$ 断面の温度は x 断面の温度 θ よりも $d\theta/dx \cdot dx$ だけ高くなるから括弧で示したような温度 $(\theta + d\theta/dx \cdot dx)$ となる．したがって，$x+dx$ 断面を流れる熱量はその断面幅 $(\delta + d\delta)$ にその断面における温度 $d(\theta + d\theta/dx \cdot dx)/dx$ を掛けたものとなる．

式 (8・2) は x 断面を通る熱量を示したものである．その流入熱量はその断面の温度勾配 $d\theta/dx$ と熱伝導率 λ およびフィンの幅 δ の積で与えられる．

式 (8・3) は，フィンの微小幅 dx の上下斜面から空気中に放出される熱量を示したものである．空気中への熱の放出はその面の面積 dx'，温度 θ および熱伝達率 α の積で与えられる．また，フィンの傾斜角度は φ，2 倍の定数は外気への放熱面が上下にあるからである．

熱の流入量を表す 式 (8・1) から流出量を表す 式 (8・2) を引いた量は微小区間に残留する熱量であるが，今フィンが，ある温度分布をもって平衡状態にあるとすると，この残留する熱量は，フィンの微小区間表面から放出される熱量と等価である必要がある．したがって熱平衡式は，

$$Q_{x+dx} - Q_x = Q_s \tag{8・4}$$

で表すことができる．ここで，式 (8・1) の展開に際して微少量の高次の項 $(d\delta \cdot dx)$ を省略すると 式 (8・5) のようになる．

$$Q_{x+dx} = \lambda \frac{d\theta}{dx}\delta + \lambda \frac{d^2\theta}{dx^2}\delta dx + \lambda \frac{d\theta}{dx}d\delta \tag{8・5}$$

式 (8・4) にしたがって熱の平衡式を作ると

$$\lambda \frac{d^2\theta}{dx^2}\delta dx + \lambda \frac{d\theta}{dx}d\delta - 2\frac{\alpha}{\cos\varphi}dx \cdot \theta = 0 \tag{8・6}$$

となる．式 (8・6) の両辺を $\lambda \cdot \delta \cdot dx$ で割り，三角フィンの幾何学的関係を考慮して，$\dfrac{d\delta}{dx} = 2\tan\varphi$，積分して $\delta = 2\tan\varphi \cdot x$ より 式 (8・6) は，

第8章　熱の放散と流れの解析

$$\frac{d^2\theta}{dx^2} + \frac{1}{x}\frac{d\theta}{dx} - \frac{\alpha}{\lambda}\frac{1}{\sin\varphi}\frac{1}{x}\theta = 0 \tag{8・7}$$

となる. 式 (8・7) の第三項が負であるため, この方程式は **変形された Bessel の微分方程式** と呼ばれるものになる. そこで, "**変形された Bessel の微分方程式** の標準形" にするために第三項の係数を取り除く. それには 式 (8・8) による変数変換を行う. すなわち, 変数 x を新たな変数 z にする. いま,

$$z = \frac{\alpha}{\lambda\sin\varphi}x \tag{8・8}$$

とおくと, $dz = \dfrac{\alpha}{\lambda\sin\varphi}dx$ また, $dx = \dfrac{\lambda\sin\varphi}{\alpha}dz$, $dx^2 = \left(\dfrac{\lambda\sin\varphi}{\alpha}\right)^2 dz^2$ であるから, 式 (8・8) は

$$\therefore \quad \frac{d^2\theta}{dz^2} + \frac{1}{z}\frac{d\theta}{dz} - \frac{1}{z}\theta = 0 \tag{8・9}$$

となる. さらに, 式 (8・9) を **変形された Bessel の微分方程式**, 母関数 $v=0$ とした標準形にする. すなわち, 第三項の $1/z$ を消去する. それには次の変数で変換する.

$$z = \frac{1}{4}\xi^2, \qquad \xi = 2\sqrt{z} \tag{8・10}$$

そして 式 (8・10) を z で微分すると,

$$\frac{d\xi}{dz} = z^{-\frac{1}{2}} = \frac{1}{\sqrt{z}} \tag{8・11}$$

となる. 次に, 式 (8・9) の一次, 二次の導関数を変数 ξ に変換する. 式 (8・11) ならびに $d\xi = z^{-\frac{1}{2}} \cdot dz$ から

$$\frac{d\theta}{dz} = \frac{d\theta}{d\xi}\frac{d\xi}{dz} = \frac{d\theta}{d\xi}z^{-\frac{1}{2}} = \frac{d\theta}{d\xi}\frac{1}{\sqrt{z}} \tag{8・12}$$

8・1　ベッセル方程式による三角フィンにおける熱放散の基礎的解析

$$\frac{d^2\theta}{dz^2} = \frac{d}{dz}\left(\frac{d\theta}{dz}\right) = \frac{d}{dz}\left(\frac{d\theta}{d\xi}z^{-\frac{1}{2}}\right) = z^{-1}\frac{d^2\theta}{d\xi^2} - \frac{1}{2}z^{-\frac{3}{2}}\frac{d\theta}{d\xi} \qquad (8\cdot13)$$

式 (8・9) の両辺に z を掛け第三項を θ とし，式 (8・12)，式 (8・13) の導関数で変換する．

$$z\left(z^{-1}\frac{d^2\theta}{d\xi^2} - \frac{1}{2}z^{-\frac{3}{2}}\frac{d\theta}{d\xi}\right) + \frac{d\theta}{d\xi}\frac{1}{\sqrt{z}} - \theta = 0 \qquad (8\cdot14)$$

これを整理すると，

$$\frac{d^2\theta}{d\xi^2} + \frac{1}{2}z^{-\frac{1}{2}}\frac{d\theta}{d\xi} - \theta = 0 \qquad (8\cdot15)$$

となる．式 (8・15) の第二項は，変数変換から $z = \frac{1}{4}\xi^2$，$\xi = 2z^{\frac{1}{2}}$　であるから 式

(8・15) は

$$\frac{d^2\theta}{d\xi^2} + \frac{1}{\xi}\frac{d\theta}{d\xi} - \theta = 0 \qquad (8\cdot16)$$

となる．

　以上より，式 (8・9) は **変形された Bessel の微分方程式（二階の常微分方程式）** $v = 0$ の標準形となり，その解は **第一種 Bessel 関数** $I_0(\xi)$，**第二種 Bessel 関数** $K_0(\xi)$ によって次のような解が用意されている．

$$\theta = C_1 I_0(\xi) + C_2 K_0(\xi) \qquad (8\cdot17)$$

ここでは，特に 式 (8・16) は $\xi = 2\sqrt{z}$ で変数変換をしているので，式 (8・17) の解は変数を入れ替えて

$$\theta = C_1 I_0\left(2\sqrt{z}\right) + C_2 K_0\left(2\sqrt{z}\right) \qquad (8\cdot18)$$

となる．なお，変形された Bessel 関数は 図 8・2 のように **第一種 Bessel 関数** $I_0(x)$ は $x = 0$ において $I_0(0) = 1$、**第二種 Bessel 関数** $K_0(x)$ は $x = 0$ において $K_0(0) = \infty$ となる．また，式 (8・18) にある係数 C_1，C_2 は境界条件より定められる．

第 8 章 熱の放散と流れの解析

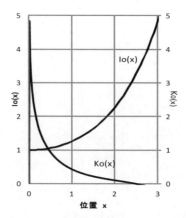

図 8・2　0 階の変形された Bessel 関数

8・1・2 定数 C_1, C_2 の決定とフィン根元部の温度 θ_1 に対するフィン内部の任意点の温度 θ

境界条件の一つとして，フィンの根元部すなわち $x = x_1$ 近傍の領域において $\theta = \theta_1$ とみなす．二つ目は，フィン先端 $x = x_2$ の近傍において $\theta = \theta_2$ であり，この先に熱伝導はないので温度勾配はゼロである．この二つの **境界条件** は，

(1) $x = x_1$ で $\theta = \theta_1$ であるから，

$$\theta_1 = C_1 I_0\left(2\sqrt{z_1}\right) + C_2 K_0\left(2\sqrt{z_1}\right) \tag{8・19}$$

(2) $x = x_2$ で，

$$\left(\frac{d\theta}{dz}\right)_{z=z_2} = 0 \tag{8・20}$$

で示される．ここで，式 (8・18) を z で微分する．

$$\left(\frac{d\theta}{dz}\right)_{z=z_2} = C_1 \frac{dI_0\left(2\sqrt{z}\right)}{dz} + C_2 \frac{dK_0\left(2\sqrt{z}\right)}{dz} = 0 \tag{8・21}$$

8・1 ベッセル方程式による三角フィンにおける熱放散の基礎的解析

ベッセル関数の微分法より 式 (8・21) のそれぞれの導関数は

$$\left.\left(\frac{dI_0(2\sqrt{z})}{dx}\right)_{x=x_2} = -I_1(2\sqrt{z_2})\\ \left(\frac{dK_0(2\sqrt{z})}{dx}\right)_{x=x_2} = K_1(2\sqrt{z_2})\right\} \qquad (8 \cdot 22)$$

で示され 式 (8・21) は,

$$-C_1 I_1\left(2\sqrt{z_2}\right) + C_2 K_1\left(2\sqrt{z_2}\right) = 0 \qquad (8 \cdot 23)$$

となる. これより, 定数 C_2 は,

$$C_2 = C_1 \frac{I_1(2\sqrt{z_2})}{K_1(2\sqrt{z_2})} \qquad (8 \cdot 24)$$

となるから 式 (8・19) は,

$$\theta_1 = C_1 \cdot I_0\left(2\sqrt{z}\right) + C_1 \cdot \left[\frac{I_1(2\sqrt{z_2})}{K_1(2\sqrt{z_2})}\right] \cdot K_0\left(2\sqrt{z}\right) \qquad (8 \cdot 25)$$

となる. これより C_1 は,

$$C_1 = \frac{K_1(2\sqrt{z_2})}{I_0(2\sqrt{z}) \cdot K_1(2\sqrt{z_2}) + I_1(2\sqrt{z_2}) \cdot K_0(2\sqrt{z})} \theta_1 \qquad (8 \cdot 26)$$

となる. また, 式 (8・26) を 式 (8・24) の C_1 に代入すると係数 C_2 が定まる.

$$C_2 = \frac{I_1(2\sqrt{z_2})}{I_0(2\sqrt{z}) \cdot K_1(2\sqrt{z_2}) + I_1(2\sqrt{z_2}) \cdot K_0(2\sqrt{z})} \theta_1 \qquad (8 \cdot 27)$$

以上より, 式 (8・19) の境界条件より 式 (8・26), 式 (8・27) で示したように係数 C_1, C_2 が求められる. ここで, **変形された Bessel の微分方程式** の解 式 (8・18) に 式 (8・26), 式 (8・27) で示した係数 C_1, C_2 を代入すると, フィン根元の温度

第8章　熱の放散と流れの解析

θ_1 とフィン内の任意点の温度 θ の関係式が得られる.

すなわち，式 (8・18) の定数それぞれに 式 (8・26)，式 (8・27) を代入すると，

$$\theta = \frac{K_1(2\sqrt{z_2})}{I_0(2\sqrt{z}) \cdot K_1(2\sqrt{z_2}) + I_1(2\sqrt{z_2}) \cdot K_0(2\sqrt{z})} \theta_1 \cdot I_0(2\sqrt{z})$$

$$+ \frac{I_1(2\sqrt{z_2})}{I_0(2\sqrt{z}) \cdot K_1(2\sqrt{z_2}) + I_1(2\sqrt{z_2}) \cdot K_0(2\sqrt{z})} \theta_1 \cdot K_0(2\sqrt{z})$$

となり，右辺の各項の分母は同じであるから，通分すると，根元の温度を基準としたフィン内の任意点における温度 θ が得られる.

$$\theta = \frac{I_0(2\sqrt{z}) \cdot K_1(2\sqrt{z_2}) + I_1(2\sqrt{z_2}) \cdot K_0(2\sqrt{z})}{I_0(2\sqrt{z_1}) \cdot K_1(2\sqrt{z_2}) + I_1(2\sqrt{z_2}) \cdot K_0(2\sqrt{z_1})} \theta_1 \tag{8・28}$$

8・1・3　フィン根元の温度 θ_1 と末端温度 θ_2 との関係

フィンの根元の温度 θ_1 と末端の温度 θ_2 の関係は 式 (8・18) より，

$$\theta_2 = C_1 I_0(2\sqrt{z_2}) + C_2 K_0(2\sqrt{z_2}) \tag{8・29}$$

境界条件より求めた C_1，C_2 を代入すると，

$$\theta_2 = \frac{I_0(2\sqrt{z_2}) \cdot K_1(2\sqrt{z_2}) + I_1(2\sqrt{z_2}) \cdot K_0(2\sqrt{z_2})}{I_0(2\sqrt{z_1}) \cdot K_1(2\sqrt{z_2}) + I_1(2\sqrt{z_2}) \cdot K_0(2\sqrt{z_1})} \theta_1 \tag{8・30}$$

が得られる.

8・1・.4　三角フィンの温度分布

三角フィンの長さが $10cm$，フィン底部の幅が $2.5cm$ の場合，式 (8・28) を用いてフィン内部の温度分布を調べてみる. それに先立ち，図 8・2 に示したように $I_0(0) = 1$，$K_0(0) = \infty$ を考慮すると 式 (8・28) は，

8・1 ベッセル方程式による三角フィンにおける熱放散の基礎的解析

$$\frac{\theta}{\theta_1} = \frac{I_0(2\sqrt{z})}{I_0(2\sqrt{z_1})} \tag{8・31}$$

となる. 式 (8・31) の分母分子から外気温 θ_0 を引くと,

$$\frac{\theta - \theta_0}{\theta_1 - \theta_0} = \frac{I_0(2\sqrt{z})}{I_0(2\sqrt{z_1})} \tag{8・32}$$

となる. そこで, $\sqrt{z}$, $\sqrt{z_1}$ は式 (8・8) より,

$$\sqrt{z} = \sqrt{\frac{\alpha}{\lambda} \cdot \frac{1}{\sin\varphi} x} \quad , \quad \sqrt{z_1} = \sqrt{\frac{\alpha}{\lambda} \cdot \frac{1}{\sin\varphi} x_1} \tag{8・33}$$

であるから **熱伝達率** α と **熱伝導率** λ の比を $\frac{\alpha}{\lambda} = 0.126, 0.234, 0.500$ とし式 (8・32) より三角フィンの**温度分布**を求めた.

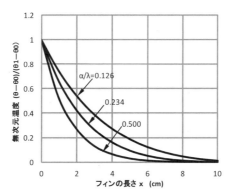

図8・3 α/λ 比による三角フィンの温度分布

これより熱伝達率αを一定と考えると熱伝導率 λ が小さいほど温度変化が急であり, 温度分布はフィンの素材によって差のあることが分る.

154

第8章 熱の放散と流れの解析

● 考察

① 均質で連続した物体内の熱は高温部から低温部へと移動する途中で温度が高くなったり，低くなったり変化することはない．一般に 2 階常微分方程式は波動や振動のような変動のある周期解をもつものが多く，**Bessel の微分方程式** においてもその多くは周期解が得られる．ここでは，基礎式の変数変換によって解の分かっている変形されたベッセルの微分方程式に変換し，現象に合う非周期の解が求められた．

② 変形された Bessel の微分方程式の解にある Bessel 関数には，第一種，第二種があり，ここでは有限な第一種のみが有効である．それにもかかわらず第二種も組み込んで温度分布の解を求めた．最近の参考書では簡潔になっているのでその背景が示されずに簡潔な答えのみが導かれている．そこで偶然であるがロシアの参考書を見つけたのでここにその解析的，代数的手法のあることを示した．

③ 三角フィンの温度分布を求める基礎式において，フィンの先端に座標の原点を置き，熱源のあるフィン底部からの熱の流れを記述している点に注目した．

④ Bessel 関数は Bessel の微分方程式を満たす無限級数で構成されている．そのため何項までを取り入れるかによってその精度が多少異なる．

⑤ 温度分布において熱伝達率 α と熱伝導率 λ の比をパラメータとして示してみた．それは，フィンの環境があまり変わらない場合，すなわち熱伝達率 α を一定にした場合，フィンの素材を変えた時，すなわち熱伝導率 λ を変えた時，温度分布にどの程度の影響があるかを知るためである．

8・2 水平平板に置かれた円柱周りの複素関数による流れの解析
[複素関数による流線と速度ポテンシャル線]

翼の周りの流れと揚抗力の関係，管内の流れと損失，家屋の周りの流れと破壊，機械内外の流れとエネルギー損失，通信機器内の流れと温度低下など各分野において子細な流れの研究が従来に増して進んでいる．これらの問題は粘性のある実在の流れが対象で，そこではナビエ・ストークス方程式と流れ内部の乱れや各種の混合を考慮した解析が進んでいる．

ここでは，粘性と圧縮性のない理想流体が，翼や物体の周りを流れる様子を知るために用いられる **複素関数（ 等角写像 ）**により平板上に置かれた円柱を過ぎる流れを **共軸座標** 上の円を収束させてその周りの流れを調べることにする．

8・2・1 複素関数と共軸円群

x, y 平面において原点を中心に左右 $x = \pm c$ （ **共軸** ）を通る無数の円の一つを選び，その円周上の点を **複素関数** z で示す．今，$\pm c$ 点より z 点までの動径を r_1, r_2，x 軸とのなす角を θ_1，θ_2 とする．そこで，角度の差を $\xi = (\theta_1 - \theta_2)$，動径の比を $\eta = \log(r_2 / r_1)$ とすると，新たな複素関数 $\zeta = \xi + i\eta$ は

$$\zeta = \xi + i\eta = (\theta_1 - \theta_2) + i\log(r_1 / r_2) = (\theta_1 + i\log r_1) - (\theta_2 + i\log r_2) \qquad (8・34)$$

で表すことができる．ここで，両辺に i をかけると，

$$i\zeta = (\log r_1 + i\theta_1) - (\log r_2 + i\theta_2) = \log r_1 e^{i\theta_1} - \log r_2 e^{i\theta_2} = -\log \frac{r_2 e^{i\theta_2}}{r_1 e^{i\theta_1}} = -\log \frac{z+c}{z-c}$$

$$(8・35)$$

となり，これより，

$$e^{-\zeta} = \frac{z+c}{z-c} \qquad (8・36)$$

したがって，

第8章 熱の放散と流れの解析

$$\frac{z}{c} = \frac{e^{-i\zeta}+1}{e^{-i\zeta}-1} = i\cot\frac{\zeta}{2} \tag{8・37}$$

ゆえに,

$$z = ic\cot\frac{\zeta}{2} \tag{8・38}$$

となる.ここで,角度ξを適当に選ぶと 図8・4に示したように,±c を通る実線の **円弧** が得られる.

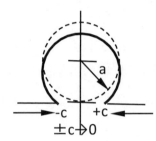

図8・4 共軸座標円弧の平板上での収束 [7]

今,座標 $(-c,+c)$ を 図8・4のように $c \to 0$ へ収束させると,点線で示した平板上の円柱となる.その円柱の半径を a とすると **共軸座標円弧** の幾何学的関係（後掲付図参照）より,$\frac{c}{a} = \sin\frac{n\pi}{2}$ であるから $c \to 0$ に近づけると、$\frac{c}{a} \cong \frac{n\pi}{2}$ になる.したがって c は,

$$c = \frac{an\pi}{2} \tag{8・39}$$

で表される.そこで,式 (8・39) を次の 式 (8・40) の **複素ポテンシャル(w)** [7] に適用すると,

$$w = U\frac{2ci}{n}\cot\frac{\zeta}{n}, \quad z = ic\cot\frac{\zeta}{2} \tag{8・40}$$

8・2 水平平板に置かれた円柱周りの複素関数による流れの解析

$$w = U\frac{2ci}{n}\cot\frac{\varsigma}{n} = U\frac{2i}{n}\frac{an\pi}{2}i\cot\left(\frac{1}{n}\frac{2i}{z}\frac{an\pi}{2}\right) = Ua\pi i\cot\left(i\frac{a\pi}{z}\right) \qquad (8\cdot41)$$

となる. ここで, $\cot(iz) = -i\coth z$, であるから 式 (8・41) は,

$$w = a\pi U\coth\frac{a\pi}{z} \qquad (8\cdot42)$$

となる. 式 (8・42) の w を $\varphi+i\psi$, z を $x+iy$ で置き換えると x, y の関数としての **速度ポテンシャル** φ と **流れ関数** ψ が求められる. すなわち,

$$w = \varphi+i\psi = a\pi U\cdot\coth\left(\frac{a\pi}{z}\right) = a\pi U\cdot\coth\left(\frac{a\pi x}{x^2+y^2} - i\frac{a\pi y}{x^2+y^2}\right)$$

$$= a\pi U\cdot\frac{\sinh(2\frac{a\pi x}{x^2+y^2})+i\sin(2\frac{a\pi y}{x^2+y^2})}{\cosh(2\frac{a\pi x}{x^2+y^2})-\cos(2\frac{a\pi y}{x^2+y^2})} \qquad (8\cdot43)$$

したがって, 式 (8・43) を **実数部** と **虚数部** に分けると **速度ポテンシャル** φ と **流れ関数** ψ となる. すなわち,

$$\varphi = a\pi U\cdot\frac{\sinh(2\frac{a\pi x}{x^2+y^2})}{\cosh(2\frac{a\pi x}{x^2+y^2})-\cos(2\frac{a\pi y}{x^2+y^2})} \qquad (8\cdot44)$$

$$\psi = a\pi U\cdot\frac{\sin(2\frac{a\pi y}{x^2+y^2})}{\cosh(2\frac{a\pi x}{x^2+y^2})-\cos(2\frac{a\pi y}{x^2+y^2})} \qquad (8\cdot45)$$

となる.

図 8・5 は, 式 (8・44), 式 (8・45) による計算結果である. 多数の縦の線が **等ポテンシャル線** で地図の等高線に相当するものであり, また, 円柱を乗り越える多数の

第 8 章 熱の放散と流れの解析

横線が **流線** で，丘や建造物を越える気流でもある．

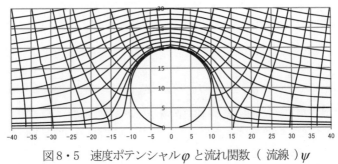

図 8・5 速度ポテンシャル φ と流れ関数（流線）ψ

- 考察（図 8・5 の速度ポテンシャルと流線について）

　縦の線は φ の値が $0.5, 1.0, 1.5, 2.0, 2.5, 3.0, 3.5, 4.0$ となる x, y 座標点を 式 (8・40) で求めたものである．横に流れる左右対称の流れ曲線は 式 (8・45) の ψ 値が等間隔でないが，それぞれ $0.05, 0.08, 0.6, 0.8, 1.0, 1.2, 1.4, 1.6, 1.8, 2.0$ になるような x, y の値を求めて描いたものである．

　これら，速度ポテンシャルおよび流線は左右が対称である．これは，流体に粘性がないため渦などで乱されない理想流体の流れを示したものである．実在に近い流れを調べるには，全く異なった数式を用いなければならない．実在の流れは，粘性流体の力学で扱われるものであり，**複素関数** の **等角写像** を用いた流れの解析は，あくまでも粘性と圧縮性のない理想流体の流れである．しかし，流れ全体の様子や粘性のある流れとの相違を理解する上では役立つものである．特に，この図の縦の線は **等ポテンシャル線** と言うもので，気象でいう等気圧線にも相当するものである．これは，複素関数を用いて流れを調べるときに必然的に算出されるものであり，複素関数の特色と言えよう．横線の **流線** が円柱の上部で密集しているのは，流速が早く圧力が低いことを示している．また，円柱が平板に接している付近の流線の幅が広いのは流れの速度が遅く，圧力が高いこと

8・2　水平平板に置かれた円柱周りの複素関数による流れの解析

を示している．さらに重要なことは両曲線が互いに直交していることである．

このように，粘性のない流れの解析においても，物体を囲む全体の流れの様子や特色を知ることができる．

8・2・2　円柱表面に沿う流れの速度分布

円柱表面に沿う流れ の速さ，すなわち速度分布は，式 (8・41) の **複素ポテンシャル** w を z で微分することによって，その **共役速度** から求まり，その実数部が x 方向の速度成分 u，虚数部が y 方向の速度成分 v となる．その速度成分の二乗和の平方によって円柱の表面や流線に沿う流れの流速が求められる．すなわち，式 (8・41) の z に関する微分によって下記の **共役速度** が得られる．以下にその手順を示す．

$$\frac{dw}{dz} = u - iv = a\pi U \cdot \frac{d}{dz} \coth \frac{a\pi}{z} \tag{8・46}$$

この z に関する微分は，通常の **分数関数** の微分になるから，coth は sinh と cosh に展開して微分すると，

$$\frac{d}{dz} \coth\left(\frac{a\pi}{z}\right) = \frac{d}{dz}\left(\frac{\cosh\dfrac{a\pi}{z}}{\sinh\dfrac{a\pi}{z}}\right)$$

$$= \frac{\cosh\left(\dfrac{a\pi}{z}\right)' \cdot \sinh\left(\dfrac{a\pi}{z}\right) - \cosh\left(\dfrac{a\pi}{z}\right) \cdot \sinh\left(\dfrac{a\pi}{z}\right)'}{\sinh^2\left(\dfrac{a\pi}{z}\right)} \tag{8・47}$$

ここで，分子の各々の微分は，

$$\cosh\left(\frac{a\pi}{z}\right)' = \frac{d}{dz}\cosh\left(\frac{a\pi}{z}\right) = -\frac{a\pi}{z^2}\sinh\left(\frac{a\pi}{z}\right)$$

第8章　熱の放散と流れの解析

$$\sinh\left(\frac{a\pi}{z}\right)' = \frac{d}{dz}\sinh\left(\frac{a\pi}{z}\right) = -\frac{a\pi}{z^2}\cosh\left(\frac{a\pi}{z}\right)$$

であるから，式 (8・47) の微分は，

$$\frac{d}{dz}\coth\left(\frac{a\pi}{z}\right) = \frac{-\left(\dfrac{a\pi}{z^2}\right)\sinh\left(\dfrac{a\pi}{z}\right)\cdot\sinh\left(\dfrac{a\pi}{z}\right) + \left(\dfrac{a\pi}{z^2}\right)\cosh\left(\dfrac{a\pi}{z}\right)\cdot\cosh\left(\dfrac{a\pi}{z}\right)}{\sinh^2\left(\dfrac{a\pi}{z}\right)} \qquad (8 \cdot 48)$$

となる．ここで，分子は，$\cosh^2\left(\dfrac{a\pi}{z}\right) - \sinh^2\left(\dfrac{a\pi}{z}\right) = 1$　であるから 式 (8・48) は，

$$\frac{d}{dz}\coth\left(\frac{a\pi}{z}\right) = \left(\frac{a\pi}{z^2}\right)\frac{1}{\sinh^2\left(\dfrac{a\pi}{z}\right)} \qquad (8 \cdot 49)$$

したがって，式 (8・46) の **共役速度** は，式 (8・49) より

$$u - iv = a\pi U\left(\frac{a\pi}{z^2}\right)\frac{1}{\sinh^2\left(\dfrac{a\pi}{z}\right)} \qquad (8 \cdot 50)$$

となる．したがって 式 (8・50) の u，v に対し $z = x + iy$ を適用すると，

$$u - iv = (a\pi)^2 U\left\{\frac{1}{(x^2 - y^2) + 2ixy}\right\}\left\{\frac{1}{\sinh^2\left(a\pi\,\dfrac{x - iy}{x^2 + y^2}\right)}\right\}$$

$$= (a\pi)^2 U\left\{\frac{(x^2 - y^2)}{(x^2 - y^2)^2 + 4(xy)^2} - i\frac{2xy}{(x^2 - y^2)^2 + 4(xy)^2}\right\}\left\{\frac{1}{\sinh^2\left(\dfrac{a\pi x}{x^2 + y^2} - i\dfrac{a\pi y}{x^2 + y^2}\right)}\right\}$$

161

8・2 水平平板に置かれた円柱周りの複素関数による流れの解析

$$= (a\pi)^2 U \cdot (A - iB) \left\{ \cfrac{1}{\sinh^2\left(\cfrac{a\pi x}{x^2+y^2} - i\cfrac{a\pi y}{x^2+y^2}\right)} \right\} \qquad (8・51)$$

ここで，$\sinh(\xi - i\eta) = \sinh\xi \cdot \cos\eta - i\cosh\xi \cdot \cos\eta$　より，式 (8・51) の最後の式の { } 内の分母は，

$$\sinh\left(\frac{a\pi x}{x^2+y^2} - i\frac{a\pi y}{x^2+y^2}\right) = \sinh\left(\frac{a\pi x}{x^2+y^2}\right)\cdot\cos\left(\frac{a\pi y}{x^2+y^2}\right) - i\cosh\left(\frac{a\pi x}{x^2+y^2}\right)\cdot\sin\left(\frac{a\pi y}{x^2+y^2}\right)$$

$$(8・52)$$

のように展開され，式 (8・52) の右辺各項を C，D とおくと，式 (8・52) は

$$\sinh\left(\frac{a\pi x}{x^2+y^2} - i\frac{a\pi y}{x^2+y^2}\right) = C - iD \qquad (8・53)$$

で示され，式 (8・51) の右辺の各項は A，B，C，D で表すことができる．したがって，**共役速度** u，vは，

$$\begin{aligned}
u - iv &= (a\pi)^2 U(A - iB)\left\{\frac{1}{(C - iD)^2}\right\} \\
&= (a\pi)^2 U(A - iB)\left\{\frac{1}{(C^2 - D^2) - i2CD}\right\} \\
&= (a\pi)^2 U(A - iB)\left\{\frac{(C^2 - D^2)}{(C^2 - D^2)^2 + 4(CD)^2} + i\frac{2CD}{(C^2 - D^2)^2 + 4(CD)^2}\right\}
\end{aligned} \qquad (8・54)$$

ここで，上式の波括弧内にある実数部と虚数部をそれぞれ E と F で示すと，

$$u - iv = (a\pi)^2 U(A + iB)(E + iF) \qquad (8・55)$$

となり，式 (8・55) より，x，y 方向の流速は，

$$\begin{aligned}
u &= (a\pi)^2 U(AE - BF) \\
v &= -(a\pi)^2 U(AF + BE)
\end{aligned} \qquad (8・56)$$

で与えられる．ただし，A，B，C，D，E，F は，

第 8 章　熱の放散と流れの解析

$$A = \frac{(x^2 - y^2)}{(x^2 - y^2)^2 + 4(xy)^2},$$

$$B = \frac{2xy}{(x^2 - y^2)^2 + 4(xy)^2}$$

$$C = \sinh\left(\frac{a\pi x}{x^2 + y^2}\right) \cdot \cos\left(\frac{a\pi y}{x^2 + y^2}\right),$$

$$D = \cosh\left(\frac{a\pi x}{x^2 + y^2}\right) \cdot \sin\left(\frac{a\pi y}{x^2 + y^2}\right)$$

$$E = \frac{(C^2 - D^2)}{(C^2 - D^2)^2 + 4(CD)^2},$$

$$F = \frac{2CD}{(C^2 - D^2)^2 + 4(CD)^2}$$

(8・57)

である．

- 考察（図8・6の円柱近傍の流速変化について）

　図8・6は，式 (8・56) から求めた **円柱表面近傍の流線に沿う流速** の変化を示したものである．横軸は円柱が平板に接している点を原点に，その直径を水平軸にそって展開したものである．したがって $x = 20$ が円柱の頂点である．縦軸は流速である．点線が x 軸に平行な速度成分 u の変化，水滴状の一点鎖線が垂直成分 v の変化である．実線が円柱近傍の流線に沿う u，v の合成流速 V の変化である．弓なりの u 成分は平板から円柱の半分まで負，それ以後の流れは円柱の曲面に沿って上昇している．水滴状の v 成分は円柱の頂点でゼロとなっている．このように流れを成分に分けて考えると流れの構造の理解が深まる．

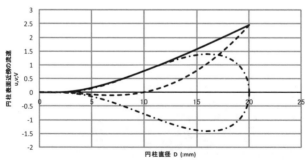

図8・6　円柱近傍の流線に沿う流速分布（実線：V，点線：u，一点鎖線：v）

8・2 水平平板に置かれた円柱周りの複素関数による流れの解析

[附図] 頂角は，中心角の半分であり，また $\dfrac{c}{a} = \sin\left(\dfrac{n\pi}{2}\right)$ である．

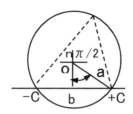

（点線が円に接した点のなす角度）

第8章 参考文献

(1) В.П.Исаченко, В.А.Осипова, А.С.Сукомзл：ТЕПЛОПЕРЕДАЧА (1981)

(2) T.V.カルマン/M.A.ビオ著，村上勇次郎，武田普一郎，飯沼一男訳：工学における数学的方法，上 (1983) 法政大学出版局

(3) Frank Bowman 著，平野鉄太郎訳：ベッセル函数入門 (1953) 日新出版

(4) 三木忠夫：常微分方程式とその応用，応用数学講座第8巻 (1956) コロナ社

(5) C.R.ワイリー著，富沢泰明訳：工業数学 〈上〉(1972) ブレイン図書出版

(6) Frank KREITH：Principles of HEAT TRANSFER (1958) International Textbook Company, Scranton

(7) 井上正雄：応用関数論，共立全書 (1954) 共立出版

(8) ラウス H 著，有江幹男訳：ラウス流体力学 (1976) 工学図書

(9) 渡辺昇：土木工学のための複素関数論の応用と計算 (1981) 朝倉書店

(10) 小松勇作，梶原壌二編：詳解関数論演習 (1983) 共立出版

(11) 桐村信雄，渡部隆二：関数論の演習 (1965) 森北出版

第 8 章　熱の放散と流れの解析

(12)　鬼頭史城：等角写像とその応用，OHM 文庫（1955）オーム社

(13)　H. R. VALLENTINE：APPLIED HYDRODYNAMICS（1959）London Butterworths

第9章 工具および部材構成物に働く力の解析
― 工具, ばね部材の特性 ―

9・1 工具に働く力

9・1・1 位置決め工具

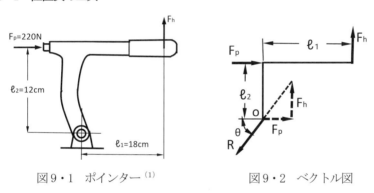

図9・1 ポインター[1]　　　図9・2 ベクトル図

ポインター は, 位置決めの加工ポイントを刻印するための工具で, その外観を 図 9・1 に, また作用する力のベクトルを 図 9・2 に示す. O 点まわりのモーメントによる作用力 F_h とポイター力 F_p との釣り合い式は,

$$\ell_1 \cdot F_h = \ell_2 \cdot F_p \qquad \therefore \quad F_h = \frac{\ell_2}{\ell_1} F_p \qquad (9・1)$$

である. F_h および F_p による 合成力 R は 図9・2のベクトル図より,

第 9 章 工具および部材構成物に働く力の解析

$$R = \sqrt{F_h^2 + F_p^2} \tag{9・2}$$

で求まり，その方向は F_h，F_p が互いに直交しているから

$$\theta = \tan^{-1}\frac{F_h}{F_p} \tag{9・3}$$

で求められる．図中の数値 $\ell_1 = 18cm$，$\ell_2 = 12cm$，$F_p = 220N$ を代入すると，ポインターを引き上げる力 F_h とその方向 θ は

$$F_h = \frac{12cm}{18cm} \cdot 220N = 146.6N \tag{9・4}$$

$$\theta = \tan^{-1}\frac{146.6N}{220N} = 34° \tag{9・5}$$

となる．

[補] 図9・2の **ベクトル合成** において，点線の部分と下向きのベクトル R とは同じ長さとすべきである．

9・1・2 傾斜釘とくぎ抜きハンマー

図9・3に傾斜して打たれた釘と **くぎ抜きハンマー** の外観図を，図9・4に作用する力のベクトル図を示す．板材の A 点で接しているくぎ抜きの接触点における合成力 R

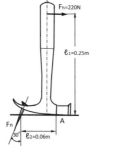

図9・3 くぎ抜きハンマ [1]

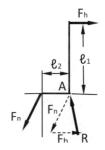

図9・4 ベクトル図

と釘を引き抜く力 P を求める．板材に対する釘の傾斜は$30°$ である．

図$9 \cdot 3$において床面に接しているA点まわりのモーメントは，

$$\ell_1 \cdot F_h = \ell_2 \cdot (F_n \cdot \cos30°) \qquad \therefore \quad F_n = \frac{\ell_1 \cdot F_h}{\ell_2 \cdot \cos30°} \tag{9・6}$$

となる．A点における **合成力** R は 図 $9 \cdot 4$ のベクトル図より 2 辺のベクトルF_h と F_n および二辺の夾角 $60°$ より，

$$R^2 = F_h{}^2 + F_n{}^2 - 2F_h \cdot F_n \cdot \cos60° \tag{9・7}$$

で得られる．釘を引き抜く力 R は 式 $(9 \cdot 6)$ より，図中の数値 $\ell_1 = 0.25m$，$\ell_2 = 0.06m$，$F_h = 220N$ を代入すると

$$F_n = \frac{0.25m \times 220N}{0.06m \times \cos30°} = \frac{55Nm}{0.052m} = 1.058kN \tag{9・8}$$

となる．合成力Rは，式 $(9 \cdot 7)$ より以下となる．

$$R = \sqrt{((220)^2 + (1058)^2 - 2 \times 220 \times 1058 \times \cos60°}$$
$$= 967N \tag{9・9}$$

[補] 図 $9 \cdot 4$ のベクトルは釣り合いのため、三つのベクトルで閉じた三角形になっている．

9・1・3　カラーを軸に取り付ける工具 (スピン・スパナ)

図$9 \cdot 5$に示すように，カラーを軸に取り付ける工具 (**スピン・スパナ**) の末端に $130N$ の力を加えたとき，A点とB点に加わる力を求める．

A点を固定点としF_hとF_BによるA点まわりのモーメントより，

$$\ell_1 \cdot F_h = \ell_2 \cdot F_B \qquad \therefore \quad F_B = \frac{\ell_1}{\ell_2} \cdot F_h \tag{9・10}$$

である。また，A点に働く力 F_A は，それらの合力であり，力 F_h とF_B は直交しているから 図$9 \cdot 7$のような直角三角形のベクトル図が得られる．したがって，その **合成力** F_A は

第 9 章 工具および部材構成物に働く力の解析

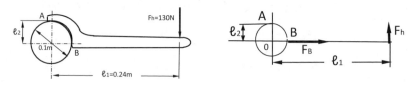

図9・5 スピン・スパナ (1)　　　　図9・6 ベクトル図

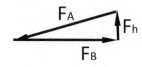

図9・7 ベクトル合成図

$$F_A = \sqrt{F_h^2 + F_B^2} \tag{9・11}$$

で求められる．図中の数値を用いると，以下の値となる．

$$F_B = \frac{\ell_1}{\ell_2} \cdot F_h = \frac{0.24m}{0.05m} \times 130N = 624N \tag{9・12}$$

$$F_A = \sqrt{F_h^2 + F_B^2} = \sqrt{(130N)^2 + (624N)^2}$$

$$\therefore \quad F_A = 637.4N \tag{9・13}$$

［補］　作用力の釣り合いよりベクトルは，図9・7のごとく閉じられる．それにより A 点の作用力が求められる．

9・1・4　スパナによるボルトの締め込み

図9・8に示す **スパナ** の末端に $220N$ の力を加えると、ボルトの中心に $M = 80Nm$ のトルクが発生した．スパナの挟み口が六角形ボルトの角 A 点と B 点に作用する力を求める．

ボルトの中心から F_h までの距離 ℓ_1 は 図9・9 より，

9・1 工具に働く力

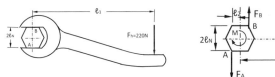 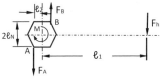

図9・8 スパナ[1]　　　図9・9 ベクトル図

$$\ell_1 = \frac{M}{F_h} = \frac{80Nm}{220N} = 0.364m \tag{9・14}$$

F_h と F_B による A 点周りのモーメントは，

$$2\ell_2 \cdot F_B = (\ell_1 + \ell_2) \cdot F_h \tag{9・15}$$

$$\therefore \quad F_B = \frac{\ell_1 + \ell_2}{2\ell_2} \cdot F_h \tag{9・16}$$

同様に，B 点周りのモーメントは，

$$2\ell_2 \cdot F_A = (\ell_1 - \ell_2) \cdot F_h \tag{9・17}$$

$$\therefore \quad F_A = \frac{\ell_1 - \ell_2}{2\ell_2} \cdot F_h \tag{9・18}$$

となる．ただし，ℓ_2 は幾何学的に，

$$\tan 60° = \frac{\ell_N}{\ell_2}, \quad \therefore \quad \ell_2 = \frac{\ell_N}{\tan 60°} = \frac{0.025m}{1.732} = 0.0144m \tag{9・19}$$

で定まる．従って，それぞれの力は以下の値となる．

$$F_A = \frac{\ell_1 - \ell_2}{2\ell_2} \cdot F_h = \frac{0.364m - 0.0144m}{0.0288m} \times 220N = 2.67kN \tag{9・20}$$

$$F_B = \frac{\ell_1 + \ell_2}{2\ell_2} \cdot F_h = \frac{0.364m + 0.0144m}{0.0288m} \times 220N = 2.89kN \tag{9・21}$$

[補] ボルトの回転に働く力は，ナット部の六面に作用するのではなく，六面のうちの相対する一対の角部に働く力による．

第9章　工具および部材構成物に働く力の解析

9・1・5　プライヤによるパイプに加わる力

図9・10に示す **プライヤ** の腕を $F_h = 220N$ で握ったときパイプに加わる力 F_p とプライヤのピン A 点に働く力 F_A を求める．

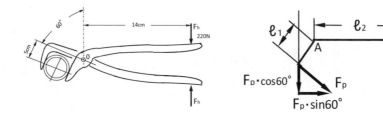

図9・10　プライヤ[1]　　　　　　図9・11　ベクトル図

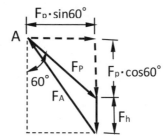

図9・12　A 点に働くベクトルの成分とその合成

A 点を中心とした握り力 F_h とパイプに加わる力 F_p によるモーメントの釣り合いから，

$$\ell_1 \cdot F_p = \ell_2 \cdot F_h \qquad (9 \cdot 22)$$

$$0.05m \times F_p = 0.15m \times F_h$$

$$\therefore \quad F_p = \frac{0.15m}{0.05m} \times 220N = 660N \qquad (9 \cdot 23)$$

となる．A 点に働く力 F_A は，図9・12に示したようにプライヤの角度 $60°$ を考慮したパイプを挟む力 F_p のベクトル成分などからそれらの水平成分と垂直成分の2乗和

9・1 工具に働く力

の平方より，以下の値が得られる．

$$F_A = \sqrt{(F_p \cdot \sin 60°)^2 + (F_h + F_p \cdot \cos 60°)^2} \quad (9・24)$$
$$= \sqrt{(660N \times 0.866)^2 + (220N + 660N \times 0.5)^2}$$

$$\therefore F_A = 793.2N \quad (9・25)$$

[補] パイプに加わる力 F_p に接触面の摩擦係数 μ を掛ければ，パイプをねじる力すなわち **トルク** が求められる．

9・1・6 ボルト・カッタに働く剪断力

図9・13に示す **ボルト・カッタ** に働く剪断力 Q を求める．

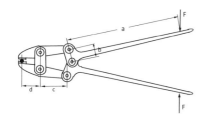

図9・13 ボルト・カッタ [1]

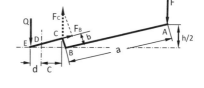

図9・14 ベクトル図

先ず，握力 F と腕の長さ a および b による B 点まわりのモーメンの釣り合いから B 点に働く力 F_B は，腕の長さ a にかえてその水平成分を用いると，

$$b \cdot F_B = \sqrt{a^2 - \left(\frac{h}{2}\right)^2} \times F \quad (9・26)$$
$$= \frac{h}{2}\sqrt{\left(\frac{2a}{h}\right)^2 - 1} \times F$$

$$\therefore F_B = \frac{1}{b} \cdot \frac{h}{2}\sqrt{\left(\frac{2a}{h}\right)^2 - 1} \times F \quad (9・27)$$

他方，剪断力 Q による D 点まわりの釣り合いは，C 点に働く垂直力 F_C（点線の

ベクトル）を用いる．この F_C の sin 成分は B 点の作用力 F_B に等しい．したがって，剪断力 Q は，

$$d \cdot Q = c \cdot F_c \tag{9・28}$$

ここで，F_C の DC 方向成分すなわち sin 成分（構造寸法）は F_B に等しく，

$$F_B = F_C \cdot \frac{h}{2a} \tag{9・29}$$

である．これより 式 (9・28) で示した剪断力 Q は

$$Q = \frac{c}{d} \cdot \frac{2a}{h} \cdot F_B \tag{9・30}$$

となり，式 (9・27) の F_B を 式 (9・30) に代入すると，**剪断力 Q** は

$$Q = \frac{a \cdot c}{b \cdot d} \sqrt{\left(\frac{2a}{h}\right)^2 - 1} \times F \tag{9・31}$$

で与えられる．図 9・15 に，$a = 167mm$，$b = 20mm$，$c = 50mm$，$d = 22mm$ とした場合のカッタ力 Q/F を示す．

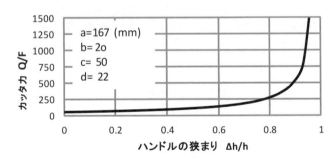

図 9・15　ハンドルの狭まり $(\Delta h / h)$ とカッタ力 (Q/F)

［補］　ハンドルの挟まりの 50% まではカッタ力 Q/F は100以下で、ほぼ一定のカッタ力を示している．また 80% 以上になるとカッタ力は急激に増加する．

9・2 ばねを持った部材構成物の静力学的解析

9・2・1 ばねで結合されている部材に働く力

図 9・16 に示すように **ばねで結合されている部材** において，部材端部の開き間隔 x と部材に働く力 F とのの関係を求める．この時，ばね定数を k，また $x=a$ の時，ばねに働く力 F はゼロであるとする．

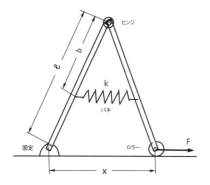
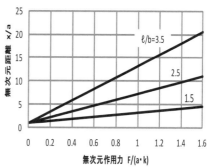

図9・16 脚立のバネによる開口 [1]　　図9・17 ばねの固定点と無次元作用力

ばねが設置されている位置に働く力を F'，ばねのたわみ量を x' とすると，てこの原理より

$$F \cdot \ell = F' \cdot b \tag{9・32}$$

ばねのたわみ量と力の関係より

$$F' = k \cdot x' \tag{9・33}$$

である．また構造物における三角形の相似性から

$$\frac{x'}{b} = \frac{x-a}{\ell} \qquad \therefore \quad x' = \frac{x-a}{\ell} \cdot b \tag{9・34}$$

であるから，式 (9・34) のばねのたわみ量 x' を 式 (9・33) に代入すると部材末端の開き間隔 x とばねに働く力 F' との関係は，

第 9 章　工具および部材構成物に働く力の解析

$$F' = k \cdot \frac{b}{\ell} \cdot (x - a) \qquad (9 \cdot 35)$$

となる. これを 式 (9・32) に代入すると,

$$F \cdot \ell = k \cdot \frac{b^2}{\ell} \cdot (x - a) \qquad (9 \cdot 36)$$

となるから, 部材の端部に働く力 F と脚の開き間隔 x との関係は

$$x - a = F \cdot \frac{\ell^2}{k \cdot b^2} \qquad (9 \cdot 37)$$

となり, 式 (9・37) で求められる. ここで, ばねの初期長さ a を考慮すると,

$$\therefore \quad x = a + \left(\frac{\ell}{b}\right)^2 \cdot \left(\frac{F}{k}\right) \qquad (9 \cdot 38)$$

になる. これより開き間隔 x は部材末端に働く力 F に比例し, **ばね定数**（ばねの強さ）に反比例する. 式 (9・38) の **無次元化** は, $F/(k \cdot a)$ が力の無次元値であるから両辺を a で割ると

$$\frac{x}{a} = 1 + \left(\frac{\ell}{b}\right)^2 \left(\frac{F}{a \cdot k}\right) \qquad (9 \cdot 39)$$

となる.

　図 9・17 に, $\ell/b = 3.5, 2.5$ および 1.5 とした時の 式 (9・39) による無次元の開き間隔 x/a の値を示した.

[補]　部材底部に働く力と開き間隔は、比例している.

9・2・2　ばねで保持されたレバーの角度

　図 9・18 に示すように, 重さ W の荷重をもつレバーがばねで保持されている. 小さいローラー A はレバーの上を自由に動き得るので, レバーの傾斜角 θ がいかなる角度になってもばねは最低の伸びで釣り合っている. $\theta = 0$ の時, ばねに働く力はゼロである. 荷重 W に対する釣り合い角度 θ を求める.

9・2 ばねを持った部材構成物の静力学的解析

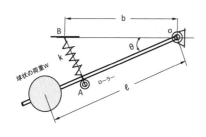

図9・18 荷重 W による傾斜角 θ [1]

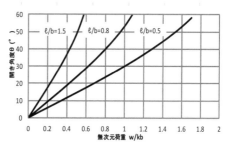

図9・19 ばねの取り付け位置と傾斜角

荷重 W のレバーに対する垂直成分 $(W \cdot \cos\theta)$ とばねの作用点までの距離 $(b \cdot \cos\theta)$ を考慮すると固定点に関するモーメントの釣り合いより，ばねの力 F_k は 構造寸法より次式で定まる．

$$W \cdot \cos\theta \cdot \ell = F_k \cdot b \cdot \cos\theta \tag{9・40}$$

$$\therefore \quad F_k = \frac{\ell}{b} \cdot W \tag{9・41}$$

また，荷重 W を支えるばねの力 F_k は（ばね定数×伸び）の関係から伸びを x とすると

力： $\quad F_k = k \cdot x$

伸び： $\quad x = b \cdot \sin\theta$

$$\therefore \quad F_k = k \cdot b \cdot \sin\theta \tag{9・42}$$

で求められる．荷重とレバーの傾斜角 θ の関係は，式 (9・41) と 式 (9・42) は等しいので，

$$\frac{\ell}{b} \cdot W = k \cdot b \cdot \sin\theta$$

$$\therefore \quad \theta = \sin^{-1}\left\{\left(\frac{\ell}{b}\right)\left(\frac{W}{b \cdot k}\right)\right\} \tag{9・43}$$

となる．これより，ばねで保持されたレバーの傾斜角 θ は，小さいローラーの効用に

寄り，荷重，ばね定数，ばねの取り付け位置および部材の長さ等を定めると一義的に定まることが分かる．ℓ/b が，$0.5, 0.8, 1.5$ の場合の無次元荷重に対するレバーの傾斜角を求めると 図9・19 のごとくになる．

[補] 開き角度は $b \cdot k$ (=単位N)，荷重 W （ 単位N ）で，$\left(\dfrac{W}{b \cdot k}\right) = \left(\dfrac{N}{N}\right)$ となり無次元値によって表される．

9・2・3 ばね付き台形型荷重台の荷重と開き角度

図9・20に示すような **ばね付き台形型荷重台** の開き角度 θ の荷重 W に対する特性を調べる．ただし，荷重 $W = 0$ の時，開き角度は $\theta = 180°$ でばねに働く力もゼロとする．尚，部材の長さは a で，$a/2$ の位置にばねが取り付けられていて，ばね定数は k である．この装置の荷重 W に対する台形部の開き角度 θ を求める．

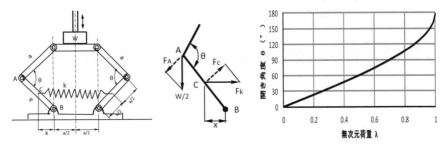

図9・20 ばね付き台形型[(1)]　　図9・21 ベクトル図　　図9・22 無次元荷重に対する
　　　　荷重台　　　　　　　　　　　　　　　　　　　　　　　　開き角

荷重 W は部材 a によって左右に分割される．部材の接合点 A に働く垂直力は荷重 W の半分である．図9・21に力のベクトル図を示すが，荷重 $W/2$ の $\overline{AB}$ に対する垂直成分 F_A は

$$F_A = \dfrac{W}{2} \cdot \sin\left(\dfrac{\pi}{2} - \dfrac{\theta}{2}\right) = \dfrac{W}{2} \cdot \cos\dfrac{\theta}{2} \tag{9・44}$$

9・2 ばねを持った部材構成物の静力学的解析

この力 F_A による B 点まわりのモーメント M_A は

$$M_A = a \cdot F_A = a \cdot \frac{W}{2} \cdot \cos\frac{\theta}{2} \qquad (9 \cdot 45)$$

である．他方，引き伸ばされたばねの力による B 点まわりのモーメント M_C は，ばねの伸びを x とすると，

$$x = \frac{a}{2} \cdot \cos\frac{\theta}{2} \qquad (9 \cdot 46)$$

であるから，ばねの力 F_k は，

$$F_k = k \cdot x = k \cdot \frac{a}{2} \cdot \cos\frac{\theta}{2} \qquad (9 \cdot 47)$$

で与えられ，$\overline{AB}$ に垂直な C 点に働く力 F_C は

$$F_C = F_k \cdot \cos\left(\frac{\pi}{2} - \frac{\theta}{2}\right) \qquad (9 \cdot 48)$$

となり，B 点に関する F_C によるモーメント M_C は

$$M_C = \frac{a}{2} \cdot F_C = \frac{a}{2} \cdot F_k \cdot \cos\left(\frac{\pi}{2} - \frac{\theta}{2}\right) = \frac{a}{2} \cdot k \cdot \frac{a}{2} \cdot \cos\frac{\theta}{2} \cdot \cos\left(\frac{\pi}{2} - \frac{\theta}{2}\right) \qquad (9 \cdot 49)$$

となる．B 点まわりのモーメント M_A と M_C は平衡であるから 式 (9・45)，式 (9・49) より

$$a \cdot \frac{W}{2} \cdot \cos\frac{\theta}{2} = \frac{a}{2} \cdot k \cdot \frac{a}{2} \cdot \cos\frac{\theta}{2} \cdot \cos\left(\frac{\pi}{2} - \frac{\theta}{2}\right) \qquad (9 \cdot 50)$$

となる．ここで，$\cos\left(\frac{\pi}{2} - \frac{\theta}{2}\right) = \sin\frac{\theta}{2}$ であるので 式 (9・50) は，

$$\theta = 2 \cdot \sin^{-1}\frac{2W}{k \cdot a} \qquad (9 \cdot 51)$$

となる．無次元荷重 $\lambda = 2W/k \cdot a$ に対するばね付き台形型荷重の開き角 θ の特性

を 図9・22に示した.

[補] てこの原理を直接用いると荷重とバネによるモーメントの釣り合式が次のように簡単に求まる.

$$\left.\begin{array}{l} \dfrac{W}{2} \cdot a \cdot \cos\dfrac{\theta}{2} = F_k \cdot \dfrac{a}{2} \cdot \sin\dfrac{\theta}{2} \\ F_k = k \cdot \dfrac{a}{2} \cdot \cos\dfrac{\theta}{2} \end{array}\right\} \tag{9・52}$$

これより,

$$\theta = 2 \cdot \sin^{-1}\dfrac{2W}{k \cdot a} \tag{9・53}$$

が得られる.

9・2・4 排気弁のカム軸のモーメント

図9・23に内燃機関の排気弁の構造図を示す. 排気弁がばね定数 $k = 1(kN/m)$ のばねで閉められており, ばねは $2cm$ 縮められて取り付けられている. 弁を開けるに必要な **カム軸のモーメント** を求める.

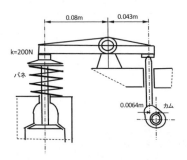

図9・23　排気弁のカム軸[1]

9・2　ばねを持った部材構成物の静力学的解析

ばね定数 k とばねのたわみ量 δ からばねによる力 F_S は，

$$F_S = k \cdot \delta = 1\frac{kN}{m} \times 0.02m = 20N \tag{9・54}$$

であり，ばね側のモーメント M_S は，この力に支点から排気弁までのアームの長さ ℓ_A

を掛ければ良いから

$$M_S = F_S \cdot \ell_A = 20N \times 0.08m = 1.6Nm \tag{9・55}$$

となる．カム側のモーメントは ばね側と等しく，プッシュ・ロッドの力を F_P，支点からプッシュ・ロッドまでアームの長さを ℓ_P とすると $M_S = \ell_P \times F_P$ であるから

$$F_P = \frac{M_S}{\ell_P} = \frac{1.6Nm}{0.043m} = 37.2N \tag{9・56}$$

となり，カム軸中心とカムの中心との距離を ℓ_d とすると、これより偏心しているカム軸のモーメント M_C は，

$$M_C = F_P \cdot \ell_d = 37.2N \times 0.0064m = 0.238Nm \tag{9・57}$$

となる．

[補]　排気弁の開閉に働くカム軸のモーメントは小さい.

9・2・5　荷重をかけたレバーを支えるばね

図 9・24 のごとき **荷重をかけたレバーを支えるばね** を持つ機構において，荷重 W を掛けたとき，平衡位置におけるばね全体の長さ c を求める．負荷のない時のバネの長さは $(h-b)$，ばね定数は k とする．この機構は二つのモーメントで平衡状態となっている．一つは荷重 W によるモーメント M_W とばねによる原点に対するモーメント M_S である．それらは

$$\left.\begin{array}{l} M_W = \ell \cdot W \cdot \sin\theta \\ M_S = k \cdot c' \cdot b \cdot \cos\beta \end{array}\right\} \tag{9・58}$$

第 9 章　工具および部材構成物に働く力の解析

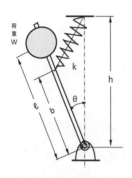

図 9・24　ばね系機構 [1]

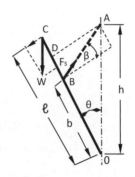

図 9・25　ベクトル図

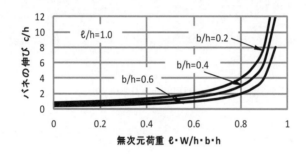

図 9・26　無次元荷重とばねの伸び

であり，c' はバネの真の伸びである．また，β は図 9・25 に示すように支点間 $\overline{OA}$ の距離 h の sin 成分とばねの全長とが挟む角度である．これらは，幾何学的に

$$h \cdot \sin\theta = \{c' + (h-b)\} \cdot \cos\beta$$

$$\therefore \sin\theta = \frac{\{c' + (h-b)\}}{h} \cdot \cos\beta \tag{9・59}$$

となる．式 (9・58) においてモーメントの釣り合いから

$$\ell \cdot W \cdot \sin\theta = k \cdot c' \cdot b \cdot \cos\beta \tag{9・60}$$

であり，式 (9・60) の左辺の $\sin\theta$ を式 (9・59) の右辺で置き換えると両辺の

9・2　ばねを持った部材構成物の静力学的解析

$\cos \beta$ が消去され次式を得る.

$$\frac{\ell \cdot W}{k \cdot b \cdot h} = \frac{c'}{c' + (h - b)} \tag{9・61}$$

式 (9・61) より, 負荷 W によるばねの真の伸び c' は

$$c' = \frac{h - b}{\left(1 - \dfrac{\ell \cdot W}{k \cdot b \cdot h}\right)} \times \left(\frac{\ell \cdot W}{k \cdot b \cdot h}\right) \tag{9・62}$$

となる. ところで, ばね全体の長さ c は真の伸びに元の長さ $(h - b)$ を加えたものであるから,

$$c = c' + (h - b) = \frac{h - b}{\left(1 - \dfrac{\ell \cdot W}{k \cdot b \cdot h}\right)} \times \left(\frac{\ell \cdot W}{k \cdot b \cdot h}\right) + (h - b) \tag{9・63}$$

となり, 式 (9・63) の右辺を整理すると, ばね全体の長さは

$$\therefore \quad c = \frac{h - b}{\left(1 - \dfrac{\ell \cdot W}{k \cdot b \cdot h}\right)} \tag{9・64}$$

となる. 荷重 W とばねの伸びの長さ c との関係は 式 (9・64) より h を基準に整理すると,

$$\frac{c}{h} = \frac{1 - \dfrac{b}{h}}{\left(1 - \dfrac{\ell}{h} \cdot \dfrac{W}{k \cdot b}\right)} \tag{9・65}$$

となる.

$\left(\dfrac{\ell}{h}\right)$, $\left(\dfrac{b}{h}\right)$ を **パラメータ** (補助変数) として, 荷重 W に代えて $\lambda = \left(\dfrac{W}{k \cdot b}\right)$ を **無次元変数**, ばねの伸びを $\left(\dfrac{c}{h}\right)$ と無次元で表わして装置の特性を示すと 図9・26 とな

182

第9章　工具および部材構成物に働く力の解析

る．ここでは，$\dfrac{\ell}{h}=1.0$，$\dfrac{b}{h}=0.4,0.5,0.6$ とし，荷重 λ を $\lambda=0\sim1.0$ と変えて装置

の特性を示した．

［補］　式 (9・64) によると，負荷 $W=0$ のときのばねの全体の長さが $(h-b)$ と

　　　　なり，図のごとく荷重が 0.6 以上になるとモーメントが増え，伸びは急に増加

　　　　する．

第9章 参考文献

(1)　J.L.Meriam：MECHANICS Part Ⅰ STATICS (1952) John Wily & Son, Inc.

(2)　森口繁一：力学，機械工学講座 [1-2] (1951) 日本機械学会

(3)　杉山隆二：工業基礎力学 (1941) 陪風館

付　記

付記1　10・1　Eulerの運動方程式の誘導

[回転体する剛体の角運動量と慣性モーメントおよび慣性乗積モーメンント，それに基づくEulerの運動方程式]

10・1・1　回転体とEulerの運動方程式

　剛体は，質点のように自由に空間を運動するものではなくて，あるものは振り子のようにある一点を固定点として左右に振動したり，あるいは発電機の回転子およびフライホイールや歯車のように回転軸と共に回転運動をする．さらには破砕機のローラー，歯車列などがその例として挙げられる．このことから，**剛体の運動**は，① 固定軸を持つ剛体運動と，② 固定点（剛体振り子やコマ，特殊なものとしてジャイロ運動）を持つ剛体運動とに分けられている．前者は，剛体の回転軸が軸受で支えられている．このとき，剛体の回転によって生ずる角運動量の変化が回転軸の支持力に影響を与える．

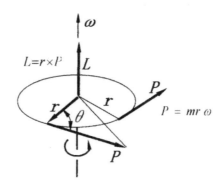

図10・1　運動量 P と角運動量 L の関係

付記

　この種の運動を調べるには，物体の形状による質量の分布を考慮した回転運動を扱う **Euler（オイラー）の運動方程式** を用いる．以下，Euler の運動方程式の概要を示す．

　図 10・1 は，質量 m が角速度 ω で半径 r の円周上を周速度 $u(=\omega \times r)$ で回転しているときの **運動量** $P(=m \cdot u = m \cdot \omega \times r)$ と **角運動量** $L(=r \times P)$ の関係を示したものである．ここで，質量 m は 剛体中の微小部で，その運動量 P は直線運動における運動量の定義と同じで 質量×速度 であるが，ここでは質量が回転しているため，速度の替わりに角速度 ω を用いた周速度 $u(=\omega \times r)$ が用いられる．したがってこのときの運動量を，**運動量** P と名付けている．また，ω, P, L のいずれもベクトルで，三成分から成り立っている．

10・1・2　角運動量と慣性モーメントおよび慣性乗積モーメント

　質点系において，質点 m の運動量を P' とすると，**Newton（ニュートン）の第二法則** で知られている運動の式は，

$$\frac{dP'}{dt} = F \tag{10・1}$$

である．すなわち，質点 m の運動量に変化を与えるには外力 F が必要であることを示したものである．これと同様に，剛体を回転させるには，角運動量 L に時間的な変化を与えなければならない．そのためには，回転力としての外力すなわちモーメント M を与える必要がある．すなわち，

$$\frac{dL}{dt} = M \tag{10・2}$$

となり，Newton の式と同じ形式の角運動量の時間的変化は **モーメント**（または **トルク** ともいう）となる．ところで，ある剛体の重心または任意の点を通る軸の周りで回転する時の角運動量 L は，質量が分布していることから，まず，回転軸から任意の位置にある微小質量 dm の角運動量を求め，それを剛体全体に亘って積分して求める．すなわち，任意形状の剛体に関する角運動量 L は，ベクトルの 3 重積で以下のように示される．

付記1　10・1　Eulerの運動方程式の誘導

$$L = \int \{r \times (\omega \times r)\} dm \tag{10・3}$$

ここで，r は剛体内の任意位置に取った微小質量までの座標原点からの距離，カッコ内が周速度である．ベクトルの3重積は，次のような二つの**スカラー積**（ドットまたは**内積**）に展開される［注1］．

$$P \times (Q \times R) = P \cdot R Q - P \cdot Q R \tag{10・4}$$

したがって，式（10・3）の角運動量は，

$$L = \int (r \cdot r \omega - r \cdot \omega r) dm \tag{10・5}$$

となる．

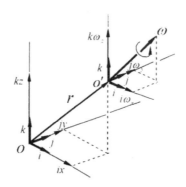

図10・2　位置および角速度の成分と単位ベクトル

式（10・5）は 図10・2 のような成分をもった位置および角速度で，式（10・6）および 式（10・7）で示される．

$$r = ix + jy + kz \tag{10・6}$$
$$\omega = i\omega_x + j\omega_y + k\omega_z \tag{10・7}$$

この成分で展開すると，積分内の二つの項は，ベクトルの**内積**（**スカラー** で大きさのみとなる）であるから，

$$i \cdot i = j \cdot j = k \cdot k = 1 \tag{10・8}$$

付記

$$i \cdot j = j \cdot i = i \cdot k = j \cdot k = k \cdot j = 0 \tag{10・9}$$

に従って演算される. 式 (10・5) の第一項は,

$$r \cdot r\omega = \left(x^2 + y^2 + z^2\right)\left(i\omega + j\omega + k\omega\right) \tag{10・10}$$

また, 第二項は,

$$r \cdot \omega r = (x\omega_x + y\omega_y + z\omega_z)(ix + jy + kz) \tag{10・11}$$

になる. 式 (10・10), 式 (10・11) を 式 (10・5) に代入し, 整理すると, 角運動量 L は, 次のような成分で表わされる.

$$L = \int \begin{bmatrix} i\left\{\left(y^2 + z^2\right)\omega_x - xy\omega_y - zx\omega_z\right\} \\ j\left\{\left(z^2 + x^2\right)\omega_y - yz\omega_z - xy\omega_x\right\} \\ k\left\{\left(x^2 + y^2\right)\omega_z - zx\omega_x - yz\omega_y\right\} \end{bmatrix} dm \tag{10・12}$$

したがって, 角運動量 L の各成分 $(L_x, \quad L_y, \quad L_z)$ は, $L = iL_x + jL_y + kL_z$ より

$$
\begin{aligned}
L_x &= \int (y^2 + z^2)dm\omega_x - \int xydm\omega_y - \int zxdm\omega_z \\
L_y &= \int (z^2 + x^2)dm\omega_y - \int yzdm\omega_z - \int xydm\omega_x \\
L_z &= \int (x^2 + y^2)dm\omega_z - \int zxdm\omega_x - \int yzdm\omega_y
\end{aligned} \tag{10・13}
$$

となる. これを **慣性モーメント** および **慣性乗積** を用いて書き表すと, 式 (10・13) の各成分は,

$$
\begin{aligned}
L_x &= I_{xx}\omega_x - I_{xy}\omega_y - I_{zx}\omega_z \\
L_y &= I_{yy}\omega_y - I_{yz}\omega_z - I_{xy}\omega_x \\
L_z &= I_{zz}\omega_z - I_{zx}\omega_x - I_{yz}\omega_y
\end{aligned} \tag{10・14}
$$

となる. したがって, 式 (10・5) は,

$$
\begin{aligned}
L = &i\left(I_{xx}\omega_x - I_{xy}\omega_y - I_{zx}\omega_z\right) \\
&+ j\left(I_{yy}\omega_y - I_{yz}\omega_z - I_{xy}\omega_x\right) \\
&+ k\left(I_{zz}\omega_z - I_{zx}\omega_x - I_{yz}\omega_y\right)
\end{aligned} \tag{10・15}
$$

となる. これが, 剛体の重心あるいは剛体内に選んだ任意点まわりに回転する剛体の持

付記 1　10・1　Euler の運動方程式の誘導

っている角運動量の一般式と言われるものである.

10・1・3　Euler の運動方程式

　剛体の運動も広義に考えると，質点の運動と同じように，空間を並進運動するとともに回転をしながら移動することが考えられる. したがって剛体の運動を一般化するには，並進運動とともに角運動量 L が時間とともに変化する項と，回転によって方向が変化するための角運動量の時間的変化とを重ね合わせる必要がある. すなわち 式 (10・2) は,

$$\frac{dL}{dt} + \omega \times L = M \tag{10・16}$$

となる. ここで，左辺の第 1 項はある空間の固定座標の原点からみた 式 (10・13) で示されている角運動量の時間微分である. 第二項は剛体の回転に伴う角運動量の角度の時間的変化である［注］.

　式 (10・16) の第一項にある角運動量の時間的変化（微分）は，式 (10・14) の成分を用いると,

$$\left(\frac{dL}{dt}\right)_x = i\left(I_{xx}\frac{d\omega_x}{dt} - I_{xy}\frac{d\omega_y}{dt} - I_{zx}\frac{d\omega_z}{dt} \right)$$

$$\left(\frac{dL}{dt}\right)_y = j\left(-I_{xy}\frac{d\omega_x}{dt} + I_{yy}\frac{d\omega_y}{dt} - I_{yz}\frac{d\omega_z}{dt} \right) \tag{10・17}$$

$$\left(\frac{dL}{dt}\right)_z = k\left(-I_{zx}\frac{d\omega_x}{dt} - I_{yz}\frac{d\omega_y}{dt} + I_{zz}\frac{d\omega_z}{dt} \right)$$

となる. 式 (10・16) の第二項は，角速度 ω と角運動量 L とのベクトル外積である. そこで，ともに，成分で示された 式 (10・7) と 式 (10・14) を用いると,

$$\omega \times L = (i\omega_x + j\omega_y + k\omega_z) \times \left(iL_x + jL_y + kL_z \right) \tag{10・18}$$

となる. ベクトルの外積は

$$\begin{array}{lll} i \times j = k & j \times k = i & k \times i = j \\ j \times i = -k & k \times j = -i & i \times k = -j \end{array} \tag{10・19}$$

付記

$$i \times i = j \times j = k \times k = 0 \qquad (10 \cdot 20)$$

である.したがって,式 (10・19), 式 (10・20) で 式 (10・18) の外積を演算すると,

$$\omega \times L = i(\omega_y L_z - \omega_z L_y) + j(\omega_z L_x - \omega_x L_z) + k(\omega_x L_y - \omega_y L_x) \qquad (10 \cdot 21)$$

が得られる.ここで,式 (10・21) の角運動量成分 (L_x, L_y, L_z) に 式 (10・14) を代入すると,角速度 ω の二次式が得られる.

$$(\omega \times L)_x = \{(I_{zz} - I_{yy})\omega_y\omega_z - (I_{zx}\omega_y - I_{xy}\omega_z)\omega_x + (\omega_z^2 - \omega_y^2)I_{yz}\}$$

$$(\omega \times L)_y = \{(I_{xx} - I_{zz})\omega_z\omega_x - (I_{xy}\omega_z - I_{yz}\omega_x)\omega_y + (\omega_x^2 - \omega_z^2)I_{zx}\} \qquad (10 \cdot 22)$$

$$(\omega \times L)_z = \{(I_{yy} - I_{xx})\omega_x\omega_y - (I_{yz}\omega_x - I_{zx}\omega_y)\omega_z + (\omega_y^2 - \omega_x^2)I_{xy}\}$$

したがって,式 (10・16) の **角運動量** を使った方程式を成分で示すと,

$$\left(\frac{dL}{dt}\right)_x + \left(\omega \times L\right)_x = M_x$$

$$\left(\frac{dL}{dt}\right)_y + \left(\omega \times L\right)_y = M_y \qquad (10 \cdot 23)$$

$$\left(\frac{dL}{dt}\right)_z + \left(\omega \times L\right)_z = M_z$$

である.したがって,式 (10・23) を 式 (10・17) と 式 (10・22) を用いて書きなおすと,

$$\left(I_{xx}\frac{d\omega_x}{dt} - I_{xy}\frac{d\omega_y}{dt} - I_{zx}\frac{d\omega_z}{dt}\right) + \{(I_{zz} - I_{yy})\omega_y\omega_z - (I_{zx}\omega_y - I_{xy}\omega_z)\omega_x + (\omega_z^2 - \omega_y^2)I_{yz}\} = M_x$$

$$\left(-I_{xy}\frac{d\omega_x}{dt} + I_{yy}\frac{d\omega_y}{dt} - I_{yz}\frac{d\omega_z}{dt}\right) + \{(I_{xx} - I_{zz})\omega_z\omega_x - (I_{xy}\omega_z - I_{yz}\omega_x)\omega_y + (\omega_x^2 - \omega_z^2)I_{zx}\} = M_y \qquad (10 \cdot 24)$$

$$\left(-I_{zx}\frac{d\omega_x}{dt} - I_{yz}\frac{d\omega_y}{dt} + I_{zz}\frac{d\omega_z}{dt}\right) + \{(I_{yy} - I_{xx})\omega_x\omega_y - (I_{yz}\omega_x - I_{zx}\omega_y)\omega_z + (\omega_y^2 - \omega_x^2)I_{xy}\} = M_z$$

となる.

　第一項は,剛体の回転が定常であれば,角速度の時間微分はゼロとなる.また,第二項においても座標軸の選定において **慣性乗積** がゼロとなるように座標軸を選ぶことができる.したがって,特に,第二項の中括弧内の第二および第三項は消去される.

付記 1　10・1　Euler の運動方程式の誘導

この二つの条件を満たすと，式 (10・24) の運動方程式は，

$$\left(I_\xi \frac{d\omega_\xi}{dt}\right) + (I_\zeta - I_\eta)\omega_\eta\omega_\zeta = M_\xi$$

$$\left(I_\eta \frac{d\omega_\eta}{dt}\right) + (I_\xi - I_\zeta)\omega_\zeta\omega_\xi = M_\eta \qquad\qquad (10・25)$$

$$\left(I_\zeta \frac{d\omega_\zeta}{dt}\right) + (I_\eta - I_\xi)\omega_\xi\omega_\eta = M_\zeta$$

となる.

　この式は，傾斜円盤が回転軸に与えるモーメント計算に使用されている. また，起動特性の解析に 式 (10・2) が用いられている.

[注 1]　内積（·）と外積（×）

　　内積：　$A \cdot B = AB\cos\theta$，式 (10・8)，式 (10・9)，スカラー量（大きさのみ ）

　　外積：　$A \times B = AB\sin\theta$，式 (10・19)，式 (10・20)，ベクトル量（大きさと
　　　　　　向きを有する ）

[注 2]　(i) 慣性モーメント および (ii) 慣性乗積（ または慣性乗積モーメントとも呼ばれる ）

（ i ）　$I_{xx} = \int(y^2 + z^2)dm$、$I_{yy} = \int(x^2 + z^2)dm$、$I_{zz} = \int(x^2 + y^2)dm$

（ ii ）　$I_{yx} = \int yx\,dm$、$I_{zx} = \int zx\,dm$、$I_{xy} = \int xy\,dm$、$I_{yz} = \int yz\,dm$、$I_{zy} = \int zy\,dm$、$I_{xz} = \int xz\,dm$

[注 3]　図 10・2 の説明

　　O 点は固定座標の原点，O' 点は剛体の重心または回転の中心で移動座標の原点.
i, j, k は単位ベクトル. r は移動座標の位置ベクトル，ω は O' 点を原点とする剛体の角速度，その成分が $\omega_x, \omega_y, \omega_z$ である. x, y, z および $\omega_x, \omega_y, \omega_z$ はスカラー

量であり，単位ベクトルを持つ ix, jy, kz および $i\omega_x, j\omega_y, k\omega_z$ はベクトル量である．

[注4] 運動方程式 式 (10・16) の各項の次元

$$\frac{dL}{dt} = \frac{[m]\cdot[kg]\cdot[\frac{m}{\sec}]}{[\sec]} = [m]\frac{[m]\cdot[kg]}{[\sec]^2}$$

$$\omega \times L = [\frac{rad}{\sec}]\cdot[m]\cdot[kg]\cdot[\frac{m}{\sec}] = [m]\frac{[m]\cdot[kg]}{[\sec]^2}$$

いずれの項も $[N\cdot m]$ であり，特に第二項は角運動量 L の単位時間当たりの変化を示していると言える．

[注5] 式 (10・25) の適用例

図10・3のように，円盤の中心を通る回転軸が回転軸に対して斜めに取り付けられたとする．この状態で軸を回転すると不釣り合いとなり軸受けにその反力が現れる．この反力は 式 (10・25) で求めることができる．

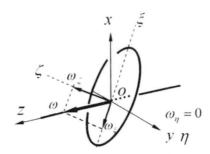

図10・3 慣性乗積をゼロにするための座標変換

円盤の中心を通る x, y, z 座標を y 軸を固定し，傾斜円盤の原点を通り傾斜円盤に垂直な ζ 軸と円盤に沿う ξ 軸を選ぶと，慣性乗積はゼロになる．すなわち，円板の中

付記2　10・2　変形Bessel 関数とその導関数

心を通る x, y, z の直交座標系では円盤の傾斜に伴う方向余弦を求めたり，慣性モーメント及び慣性乗積モーメントを計算する必要がある．　回転軸の角速度 ω は，円板に垂直な ζ 方向の ω_ζ と円盤の半径方向 ξ の ω_ξ に分解される．尚，角速度 ω は，回転軸上にあり，$z-\eta$ 平面にはその成分はない．したがって，図中に示したように ω_η はゼロである．

　以上より，x, y, z 座標系で Euler の運動方程式を使う場合は 式 (10・24) であるが，ζ, η, ξ の座標系を用いれば 式 (10・25) となることが分かる．

付記2　10・2　変形Bessel 関数とその導関数

10・2・1　変形Bessel 微分方程式とその解

　式 (10・26) が **変形された Bessel（ベッセル）の微分方程式** で，その解は Bessel **関数** と呼ばれ，$I_0(x)$，$K_0(x)$ の二つがある．

$$\frac{d^2 y}{dx^2} + \frac{1}{x}\frac{dy}{dx} - y = 0 \tag{10・26}$$

そのうちの $I_0(x)$ は次のような **級数** で表される．

$$I_0(x) = 1 + \frac{x^2}{2^2} + \frac{x^4}{2^2 \cdot 4^2} + \frac{x^6}{2^2 \cdot 4^2 \cdot 6^2} + \cdots + \frac{x^{20}}{2^2 \cdot 4^2 \cdot 6^2 \cdot 8^2 \cdots 18^2 \cdot 20^2} \tag{10・27}$$

また，この一次導関数は，$I_1(x)$ で示され，

$$I_1(x) = \frac{2x}{2^2} + \frac{4x^3}{2^2 \cdot 4^2} + \frac{6x^5}{2^2 \cdot 4^2 \cdot 6^2} + \cdots + \frac{20x^{19}}{2^2 \cdot 4^2 \cdot 6^2 \cdot 8^2 \cdots 18^2 \cdot 20^2} \tag{10・28}$$

である．両者をグラフで示すと 図 10・4 のようになり，非周期である．ただし，計算は乗数20 までとした．

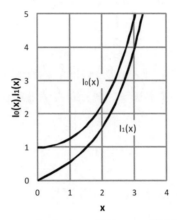

図 10・4　変形 Bessel 関数とその導関数の挙動

ところで，三角フィンの温度分布は温度を θ とすると、本文 8・1 節 の 式 (8・31) または 式 (8・32) で次のように表せる．

$$\theta = \theta_1 \frac{I_0(2\sqrt{z})}{I_0(2\sqrt{z_1})} \tag{10・29}$$

ここで，式 (10・27)，式 (10・28) の級数における x は $2\sqrt{z}$ に相当し，z，z_1 は式 (10・30) のようにフィン先端からの長さ x を **変数変換** したものである．したがって，級数の x は $2\sqrt{z}$ であり，式 (10・30) の x とは異なることに注意する必要がある．ただし，x はフィン先端からの位置，x_1 はフィンの全長，α はフィンから空気への熱伝達率，λ は熱伝導率，φ はフィンのテーパ角度（フィンの開き角度は 2φ）である．

$$z = \frac{\alpha}{\lambda} \frac{1}{\sin \varphi} x, \qquad z_1 = \frac{\alpha}{\lambda} \frac{1}{\sin \varphi} x_1 \tag{10・30}$$

付記2　10・2　変形Bessel関数とその導関数

10・2・2　フィンの熱量

ところでフィンの熱量　q_{fin}　は，フィンの根元部　$x = x_1$　を通る熱の温度勾配から式 (10・31) で求められる.

$$q_{fin} = -\lambda S \frac{d\theta}{dx}\bigg|_{x=x_1} \tag{10・31}$$

ここで，S はフィン根元部の断面積 $(\delta_1 \cdot \ell)$ である. ところで，式 (10・31) の **導関数** は，

$$\frac{d\theta}{dx} = \frac{dz}{dx}\frac{d\theta}{dz} \tag{10・32}$$

であるから，この導関数を 式 (10・29)，式 (10・30) より求めると

$$\frac{dz}{dx} = \frac{\alpha}{\lambda}\frac{1}{\sin\varphi}, \qquad \frac{d\theta}{dz} = \theta_1 \frac{1}{\sqrt{z}}\frac{I_1(2\sqrt{z})}{I_0(2\sqrt{z_1})} \tag{10・33}$$

となり，フィン根元部の温度勾配は，

$$\frac{d\theta}{dx} = \frac{\alpha}{\lambda}\frac{1}{\sin\varphi} \cdot \theta_1 \frac{1}{\sqrt{z}}\frac{I_1(2\sqrt{z})}{I_0(2\sqrt{z_1})} \tag{10・34}$$

で与えられる. ここで，変形Bessel関数 式 (10・29) の微分においては

$$\frac{d}{dz}I_0(2\sqrt{z}) = \frac{1}{\sqrt{z}} \cdot I_1(2\sqrt{z}) \tag{10・35}$$

を用いた（ 8章記載の参考文献：工学における数学的方法，p. 73 を参照 ）.

これらならびに温度勾配は負であることを考慮すると，フィンの根元部における熱量は，式 (10・31) より

$$q_{fin} = \theta_1 \frac{\alpha \cdot S}{\sqrt{z_1} \cdot \sin\varphi} \cdot \frac{I_1(2\sqrt{z_1})}{I_0(2\sqrt{z_1})} \tag{10・36}$$

となる.

194

付記

10・2・3 熱量の試算値

今， 　$\delta_1 = 16mm$, 　$x_1 = 40mm$, 　$\varphi = 10°$, 　$\lambda = 30\dfrac{W}{mK}$, 　$\alpha = 20\dfrac{W}{m^2K}$, 　$\theta_1 = 200°C$

として，フィンの根本部における熱量を試算する．式 (10・30) にこれらの数値を代入すると，

$$2\sqrt{z_1} = 2\sqrt{\frac{20}{30} \times \frac{1}{\sin 10°} \times 0.04} = 0.783 \qquad (10 \cdot 37)$$

式 (10・27) および 式 (10・28) より， $I_0(2\sqrt{z_1}) = 1.932$, 　$I_1(2\sqrt{z_1}) = 1.262$ であるから単位厚みのフィンの熱量 q_{fin} は 式 (10・36) より，

$$q_{fin} = (200 + 273) \times \frac{20 \times 0.016 \times 1}{0.392 \times 0.174} \times \frac{0.422}{1.159} = 808 \quad W \qquad (10 \cdot 38)$$

となる．

付記3　10・3　三角状パルス（衝撃）による基盤変位の時間的変化の式
　　　　　［ 区間毎に部分積分法を繰り返し適用して導く ］

10・3・1　Duhamel 積分：部分積分法

　7・1節の 三角状パルス（衝撃）を受ける基盤の上にばねで支持されている装置の変位を求めるにあたり，Duhamel(デュアメル)の式 である7・1節 の 式 (7・7) を，三角状のパルスを受ける 区間Ⅰ と，そのあとの 区間Ⅱ に分けて解析する．

区間Ⅰ：　$0 \le \tau \le 0.2$ 　：　$y_1 = 2.5 \times 10^{-3} \times \tau$, 　$\omega_n^2 = k/m$ とすると，

　　　　7・1節 の 式 (7・8) は，以下の計算の過程を経て，7・1節 の 式 (7・10) に帰結する．

付記3　10・3　三角状パルス（衝撃）による基盤変位の時間的変化の式

$$YI(t) = \int_0^{0.2} \left(\frac{k \cdot y_1}{m \cdot \omega_n} \right) \sin\{\omega_n(t-\tau)\} d\tau \qquad\qquad (7 \cdot 8) \langle 7 \cdot 1 \text{節} \rangle$$

$$= 2.5 \times 10^{-3} \left(\frac{\omega_n^2}{\omega_n} \right) \int_0^t \tau \cdot \sin\{\omega_n(t-\tau)\} d\tau$$

$$= 2.5 \times 10^{-3} \cdot \omega_n \cdot \int_0^t \tau \cdot \sin\{\omega_n(t-\tau)\} d\tau$$

$$= 2.5 \times 10^{-3} \cdot \omega_n \cdot \left[\left[-\frac{\tau}{-\omega_n} \cdot \cos\{\omega_n(t-\tau)\} \right]_0^t - \int_0^t -\frac{1}{-\omega_n} \cdot \cos\{\omega_n(t-\tau)\} d\tau \right]$$

$$= 2.5 \times 10^{-3} \cdot \omega_n \cdot \left[\left[\frac{\tau}{\omega_n} \cdot \cos\{\omega_n(t-\tau)\} \right]_0^t - \left[-\frac{1}{-\omega_n} \frac{1}{-\omega_n} \cdot \sin\{\omega_n(t-\tau)\} \right]_0^t \right]$$

$$= 2.5 \times 10^{-3} \cdot \omega_n \cdot \left[\frac{t}{\omega_n} \cdot \cos\{\omega_n(t-t)\} - \frac{0}{\omega_n} \cdot \cos\{\omega_n(t-0)\} + \left[\frac{1}{\omega_n^2} \cdot \sin\{\omega_n(t-\tau)\} \right]_0^t \right]$$

$$= 2.5 \times 10^{-3} \cdot \omega_n \cdot \left[\frac{t}{\omega_n} \cdot \cos\{\omega_n(0)\} + \frac{1}{\omega_n^2} \left[\sin\{\omega_n(t-t)\} - \sin\{\omega_n(t-0)\} \right] \right]$$

$$= 2.5 \times 10^{-3} \cdot \omega_n \cdot \left[\frac{t}{\omega_n} \times 1 + \frac{1}{\omega_n^2} \cdot \sin\{\omega_n(0)\} - \frac{1}{\omega_n^2} \cdot \sin\{\omega_n(t)\} \right]$$

$$= 2.5 \times 10^{-3} \cdot \left[t - \frac{1}{\omega_n} \cdot \sin\{\omega_n(t)\} \right] \qquad\qquad (7 \cdot 10) \langle 7 \cdot 1 \text{節} \rangle$$

区間 II :　$0 \leq \tau \leq 0.2$　:　$y_1 = 2.5 \times 10^{-3} \times \tau$

　　　　　　$0.2 \leq \tau \leq t$　:　$y_2 = 0.5 \times 10^{-3}$, 　$\omega_n^2 = k/m$ とすると,

　　　　　　7・1節 の 式 (7・9) は, 以下の計算の過程を経て, 7・1 節 の

　　　　　　式 (7・11) に帰結する.

$$YII(t) = \int_0^{0.2} \left(\frac{k \cdot y_1}{m \cdot \omega_n} \right) \cdot \sin\{\omega_n(t-\tau)\} d\tau - \int_{0.2}^t \left(\frac{k \cdot y_2}{m \cdot \omega_n} \right) \cdot \sin\{\omega_n(t-\tau)\} d\tau \quad (7 \cdot 9) \langle 7 \cdot 1 \text{節} \rangle$$

$$= \int_0^{0.2} \left(\frac{\omega_n{}^2}{\omega_n} \right) y_1 \cdot \sin\{\omega_n(t-\tau)\} d\tau - \int_{0.2}^{t} \left(\frac{\omega_n{}^2}{\omega_n} \right) y_2 \cdot \sin\{\omega_n(t-\tau)\} d\tau$$

$$= 2.5 \times 10^{-3} \omega_n \left[\int_0^{0.2} \tau \cdot \sin\{\omega_n(t-\tau)\} d\tau \right] - 0.5 \times 10^{-3} \omega_n \left[\int_{0.2}^{t} \sin\{\omega_n(t-\tau)\} d\tau \right]$$

$$= 2.5 \times 10^{-3} \omega_n \left[\left[-\tau \cdot \frac{1}{-\omega_n} \cdot \cos\{\omega_n(t-\tau)\} \right]_0^{0.2} - \int_0^{0.2} \left[-\frac{1}{-\omega_n} \cdot \cos\{\omega_n(t-\tau)\} d\tau \right] \right]$$

$$-0.5 \times 10^{-3} \omega_n \left[-\frac{1}{-\omega_n} \cdot \cos\{\omega_n(t-\tau)\} \right]_{0.2}^{t}$$

$$= 2.5 \times 10^{-3} \left[\left[\tau \cdot \cos\{\omega_n(t-\tau)\} \right]_0^{0.2} - \left[\frac{1}{-\omega_n} \cdot \sin\{\omega_n(t-\tau)\} \right]_0^{0.2} \right]$$

$$-0.5 \times 10^{-3} \omega_n \left[-\frac{1}{-\omega_n} \cdot \cos\{\omega_n(t-\tau)\} \right]_{0.2}^{t}$$

$$= 2.5 \times 10^{-3} \left[[0.2 \times \cos\{\omega_n(t-0.2)\} - 0 \times \cos\{\omega_n(t-0)\}] - \left[\frac{1}{-\omega_n} \cdot \sin\{\omega_n(t-0.2)\} - \frac{1}{-\omega_n} \cdot \sin\{\omega_n(t-0)\} \right] \right]$$

$$-0.5 \times 10^{-3} \omega_n \left[\frac{1}{\omega_n} \cdot \cos\{\omega_n(t-t)\} - \frac{1}{\omega_n} \cdot \cos\{\omega_n(t-0.2)\} \right]$$

$$= 2.5 \times 10^{-3} \left[0.2 \times \cos\{\omega_n(t-0.2)\} + \frac{1}{\omega_n} \cdot \sin\{\omega_n(t-0.2)\} - \frac{1}{\omega_n} \cdot \sin\{\omega_n(t)\} \right]$$

$$-0.5 \times 10^{-3} [1 - \cos\{\omega_n(t-0.2)\}]$$

$$(7 \cdot 11) \quad \langle 7 \cdot 1 節 \rangle$$

付記 参考文献

(1) S. Timoshenko and D. H. Young : Engineering Mechanics (1956) McGRAW–HILL
INTERNATIONAL EDITIONS

参 考 文 献 お よ び 参 考 書 一 覧

(1) 菅野礼司：力とはなにか（1995）丸善出版

(2) F. P. Beer and E. R. Johnston 著，小笠原浩一訳：工業技術者のための力学，下
(1962) McGRAW・HILL BOOK COMPANY

(3) J. L. Meriam：MECHANICS Part Ⅰ STATICS（1952）John Wily & Son, Inc.

(4) J. L. Meriam：MECHANICS Part Ⅱ DYNAMICS（1952）John Wily & Son, Inc.

(5) T. V. カルマン/M. A. ビオ著，村上勇次郎，武田普一郎，飯沼一男訳：工学におけ
る数学的方法，上（1983）法政大学出版局

(6) C. R. ワイリー著，富沢泰明訳：工業数学〈上〉（1972）ブレイン図書出版

(7) S. Timoshenko and D. H. Young：Engineering Mechanics（1956）McGRAW-HILL
INTERNATIONAL EDITIONS

(8) イ・ヴォロンコウ 他著，清野節男訳：力学演習 2（1963）東京図書

(9) CHARLES R. MISCHKE：Elements of Mechanical Analysis（1963）
ADDISION・WESLEY PUBLISHING COMPANY Inc.

(10) 西村正太郎，林千博編：自動制御用電気機器Ⅰ（1964）朝倉書店

(11) J. S. Anderson and M. Bratos-Anderson：Solving Problems in VIBRATIONS（1987）
Longman Scientific & Technical

(12) チィモシェンコ著，谷下市松，渡辺茂訳：振動学（1978）東京図書

(13) Frank Bowman 著，平野鉄太郎訳：ベッセル函数入門（1953）日新出版

(14) 三木忠夫：常微分方程式とその応用，応用数学講座第 8 巻（1956）コロナ社

工学解析ノート

(15) Frank KREITH : Principles of HEAT TRANSFER (1958) International Textbook Company, Scranton

(16) В.П. Исаченко, В.А. Осипова, А.С. Сукомзл : ТЕПЛОПЕРЕДАЧА (1981)

(17) 井上正雄 : 応用関数論, 共立全書 (1954) 共立出版

(18) ラウス H著, 有江幹男訳 : ラウス流体力学 (1976) 工学図書

(19) 渡辺昇 : 土木工学のための複素関数論の応用と計算 (1981) 朝倉書店

(20) 小松勇作, 梶原壤二編 : 詳解関数論演習 (1983) 共立出版

(21) 桐村信雄, 渡部隆二 : 関数論の演習 (1965) 森北出版

(22) H. R. VALLENTINE : APPLIED HYDRODYNAMICS (1959) London Butterworths

(23) 森口繁一 : 力学, 機械工学講座[1-2] (1951) 日本機械学会

(24) 杉山隆二 : 工業基礎力学 (1941) 陪風館

(25) オーム社編 : 数学・電気公式集 (改訂増補版) (1958) オーム社

索　引

ア　行

アクチュエータ・・・・・・・・・18

圧延厚さ比・・・・・・・・・64

石臼・・・・・・・・・115

位置エネルギー・・・・・・・・13

運動エネルギー・・・・・・13, 128

運動量・・・・・・・・・11, 184

運動量の変化・・・・・・・・・10

運動量の保存則・・・・・・11, 137

エネルギー損失・・・・127, 128, 129

エネルギー保存則・・・・・12, 14

遠心クラッチ・・・・・・・117

遠心力・・・・・・・76, 83, 98

エンジニアリング・アナリシス・・・27

円弧・・・・・・・・156

円柱近傍の流線に沿う流れ・・・162

円柱表面に沿う流れ・・・・・159

カ　行

Euler(オイラー)の運動方程式・・・・
　　　　　　　　105, 119, 184

外積・・・・・・・・189

回転式破砕機・・・・・・・112

回転ローラー・・・・・・・112

角運動量・・・・・11, 184, 188

角運動量の保存則・・・・・11, 12

角加速度・・・・・・・・106

角速度・・・・75, 84, 105, 106, 119

荷重をかけたレバーを支えるばね・179

加速度運動・・・・・・・・58

過渡現象・・・・・・・・133

金敷・・・・・・・・137

カム軸のモーメント・・・・・178

慣性乗積・・・・102, 105, 186, 188

慣性モーメント・・・・・・・・
　　　　11, 12, 105, 106, 107, 119, 186

慣性モーメント比・・・・・122, 124

慣性力・・・・・・・・83, 98

工学解析ノート

動特性・・・・・・・・・・・・ 117
逆L字部材・・・・・・・・・・・39
逆正接値・・・・・・・・・・・・ 8
逆双曲線正接関数・・・・・・・・ 120
級数・・・・・・・・・・・・・・ 191
級数展開・・・・・・・・・・ 63, 64
急速バイス・・・・・・・・・・・18
境界条件・・・・・・・・・・・ 150
共軸・・・・・・・・・・・・・ 155
共軸座標円弧・・・・・・・・・ 156
共軸座標・・・・・・・・・・・ 155
強制振動方程式・・・・・・・・ 131
共役速度・・・・・・ 159, 160, 161
曲線の最大値・・・・・・・・・・ 7
極大値・・・・・・・・・・・・ 114
虚数部・・・・・・・・・・・・ 157

偶力・・・・・・・・ 42, 43, 46, 98
くぎ抜きハンマー・・・・・・・ 166
クラッチ定数・・・・・・・・・ 118

傾斜円盤・・・・・・・・・・・・97
牽引車で引き上げられる貨物・・・54
減衰係数・・・・・・・・・・・ 139
減衰器・・・・・・・・・・・・ 142
減衰周期・・・・・・・・・・・ 142
減衰振動・・・・・・・・・・・ 138

減衰振動数・・・・・・・・・・ 140

(力やベクトルの)合成・分解・・・ 2
合成力・・・・・・・・・・・・ 167
剛体・・・・・・・・・・・・・ 183
剛体の運動・・・・・・・・・・ 183
降伏点応力・・・・・・・・・・・66
固有振動数・・・・・・・・・・ 132

サ 行

最終角速度・・・・・・・・・・ 118
最大値・・・・・・・・・・ 89, 114
最大値曲線・・・・・・・・・・・91
最大破砕力・・・・・・・・ 114, 116
最大無次元モーメント・・・・・・91
作用反作用・・・・・・・・・ 41, 46
三角状パルス(衝撃)・・・・ 131, 194
三角フィンの温度分布・・・・・ 153

軸力・・・・・・・・・・・・・・34
実数部・・・・・・・・・・・・ 157
斜面装置の力学的特性・・・・・・ 1
手動破砕機・・・・・・・・・・ 115
自由減衰振動・・・・・・・・・ 139
自由振動・・・・・・・・・ 131, 133
衝撃・・・・・・・・・・・・・ 131
衝撃力・・・・・・・・・・・・ 132

索引

初変位・・・・・・・・・・・132
振動方程式・・・・・・・・・132

スカラー・・・・・・・・・・185
スカラー積・・・・・・・・・185
スパナ・・・・・・・・・・・168
スピン・スパナ・・・・・・・167
滑り区間・・・・・・・・・・127
滑り子・・・・・・・・・・・117

せん断力・・・・・・・・・34, 172

双曲線正接関数・・・・・・・・121
速度ポテンシャル・・・・・・・157
塑性加工・・・・・・・・・・・65
塑性変形・・・・・・・・・65, 137

タ 行

第一種 Bessel 関数・・・・・・149
第二種 Bessel 関数・・・・・・149
代表寸法・・・・・・・21, 24, 28
d'Alembert (ダランベール) の原理・・102
鍛造加工・・・・・・・・・・137
チィモシェンコ・・・・・・・136
力の分解・・・・・・・・・・1, 2
力の分解による釣合い式・・・・・25
力の平行四辺形・・・ 1, 19, 35, 39, 50

地中部の支柱長さ・・・・・・45, 46
張力・・・・・・・・・・・・・58
(ワイヤーの) 張力・・・・・・・75

抵抗係数・・・・・・・・137, 139
Duhamel (デュアメル) の式・・・・194
Duhamel 積分・・・・・・・136, 137

等角写像・・・・・・・・155, 158
導関数・・・・・・・・・・・193
同期点・・・・・・・・・・・118
特性曲線・・・・・68, 78, 89, 116, 126
取り付け金具・・・・・・・・・33
トルク・・・・・・・・・171, 184

ナ 行

内積・・・・・・・・・・185, 189
流れ関数・・・・・・・・・・157

Newton (ニュートン) の運動方程式・・139
Newton の第二法則・・・・50, 58, 184

熱伝達率・・・・・・・・146, 153
熱伝導率・・・・・・・・146, 153
熱の平衡式・・・・・・・・・145

ハ 行

工学解析ノート

媒介変数で定められた関数の微分法・・51
破砕力・・・・・・・・・・・・・ 112
ばね定数・・・・・・・・・・・ 174
ばね付き台形型荷重台・・・・・・ 176
ばねで結合されている部材・・・ 173
パラメータ(補助変数)・・・・ 31, 53
反発係数・・・・・・・・・ 137, 138
反力・・・・・・・・・ 41, 102, 109

引き抜きダイス・・・・・・・・・65
微小質量・・・・・・・・ 85, 92, 97
微分法・・・・・・・・・・・・・57
微分方程式・・・・・・・・・ 66, 119

複素関数・・・・・・・・ 155, 158
複素ポテンシャル・・・・・ 156, 159
部分積分法・・・・・・・・・・ 133
フライホイールの回転運動・・・ 118
プライヤ・・・・・・・・・・・ 170
フーリエの法則・・・・・・・・ 145
ブレーキシュー・・・・・・ 24, 30
分数関数・・・・・・・・・・・ 159

ベクトル・・・・・・・・・・・・35
ベクトル合成・・・・・・・・・ 166
ベクトルの方向余弦・・・・・・・40
Bessel(ベッセル)関数・・・ 145, 191

Bessel の微分方程式・・・・・・ 154
ベルト・コンベア・・・・・・・・9
(傾斜)ベルト・コンベア・・・・・10
(水平)ベルト・コンベア・・・・・10
変位・・・・・・・・・・・・・ 133
変位関数・・・・・・・・・・・ 133
変形された Bessel の微分方程式・・・
              145, 148, 149, 151, 191
変数分離法・・・・・・・・ 119, 123
変数分離形・・・・・・・・・・ 121
変数分離形の定積分・・・・・ 67, 72
変数変換・・・・・・・・・・・ 192

ポインター・・・・・・・・・・ 165
法線方向の力・・・・・・・・・・6
法線方向分力・・・・・・・・・ 112
(力の)保存の原理・・・・・・・・41
(等)ポテンシャル線・・・・ 157, 158
ボルト・カッター・・・・・・・ 171

マ 行

摩擦エネルギー・・・・・・・・ 127
摩擦クラッチ・・・・・・・・・ 119
摩擦係数・・・・・・ 5. 6, 7, 62, 63, 64
摩擦トルク・・・・・・・・・・ 117
摩擦のある斜面装置・・・・・・・5
摩擦のある斜面装置の無次元特性式・・5

索引

摩擦力・・・・・・・・・5, 62, 64, 65

無次元応力・・・・・・・・・68, 70

無次元化・・・・・・・・・・・
　　　22, 24, 28, 88, 107, 113, 128, 174

無次元化式・・・・・・・・・・28

無次元回転補助変数・・・・113, 116

無次元角速度・・・・・・・・16, 120

無次元加速度・・・・・・・52, 56

無次元加速度変数・・78, 80, 86, 100, 108

無次元時間・・・・・・・・120, 124

無次元速度・・・・・・・・15, 56

無次元特性曲線・・・・・・・4, 101

無次元特性式・・・・・・・・113

(完全)無次元化特性式・・・・・29

無次元斜面特性式・・・・・・・3

無次元同期時間・・・・・・・128

無次元パラメータ・・・・・・・59

無次元表示・・・・・・・・・57

無次元変数・・・・・・・・181

無次元モーメント・・・・・100, 108

無次元ロープ張力・・・・・・・59

モータ回転子・・・・・・・・118

モータトルク・・・・・・・・117

モーメント・・・・35, 76, 83, 84, 184

モーメントの釣合い式・・・・25, 27

ヤ 行

山形状衝撃・・・・・・・・・133

ラ 行

力学的原理・・・・・・・・・45

力積・・・・・・・・・・12, 132

流線・・・・・・・・・・158

ロープを伝わる力・・・・・・・50

ローラー式圧延機・・・・・・・61

著 者 略 歴

横溝 利男（よこみぞ としお）

昭和6年生まれ.昭和37年国際基督教大学大学院修了.教育学修士.昭和37年関東学院大学助手,講師,助教授を経て昭和55年教授,昭和62年工学博士,大学院修士課程および後期博士課程指導教授.流体力学専攻.流動に関する諸問題を扱う.平成14年関東学院大学名誉教授,現在に至る.

森田 信義（もりた のぶよし）

昭和22年生まれ.昭和47年関東学院大学大学院工学研究科修士課程修了.同年岩田塗装機工業株式会社(現在のアネスト岩田株式会社)に入社.液体の微粒化の研究ならびに各種霧化塗装機の開発に従事.コーティング開発部長などを経て平成19年に退社,平成26年まで塗面形成技術開発やエアスプレーガン開発を行う.昭和51年～平成6年,また平成9年～平成29年の間,関東学院大学工学部,理工学部の非常勤講師として流体力学,空気機械,流体機械,圧縮性流体工学特論などを担当.平成14年博士(工学).

太田 元一（おおた げんいち）

昭和33年生まれ.昭和61年芝浦工業大学機械工学科卒業.平成6年関東学院大学大学院工学研究科博士課程修了.博士(工学).昭和61年～平成10年の間,関東学院大学工学部実験助手として水力学,流体力学を担当.この間,横須賀学院中学高等学校,日本工学院八王子専門学校にて技術,数学などを担当.平成7年から神奈川県立産業技術短期大学校にて機械実験,力学などを担当.この間,関東自動車工科短期大学校,オカムラ技術短期大学校にて,流体力学実験などを担当.また,平成16年より神奈川県立産業技術総合研究所にて機械の力学を担当.

工学解析ノート　　（現代理工学大系）

2018年11月10日　初版印刷
2018年11月30日　初版発行

ⓒ　著　者　　横　溝　利　男
　　　　　　　森　田　信　義
　　　　　　　太　田　元　一

発行者　　小　川　浩　志

発行所　　**日新出版株式会社**
東京都世田谷区深沢5−2−20
TEL (03)3701-4112・(03)3703-0105
FAX (03)3703-0106
振替　00100-0-6044　〒158-0081

ISBN978-4-8173-0256-4

2018 Printed in Japan　　　　　　印刷・製本 日商印刷(株)

日新出版の教科書・参考書

わ か る 自 動 制 御	椹木・添田 編著	328頁
わ か る 自 動 制 御 演 習	椹木 監修 添田・中溝 共著	220頁
自 動 制 御 の 講 義 と 演 習	添田・中溝 共著	190頁
シ ス テ ム 工 学 の 基 礎	椹木・添田・中溝 編著	246頁
シ ス テ ム 工 学 の 講 義 と 演 習	添田・中溝 共著	174頁
シ ス テ ム 制 御 の 講 義 と 演 習	中溝・小林 共著	154頁
ディジタル制御の講義と演習	中溝・田村・山根・申 共著	166頁
基 礎 か ら の 制 御 工 学	岡 本 良 夫 著	140頁
振 動 工 学 の 基 礎	添田・得丸・中溝・岩井 共著	198頁
振 動 工 学 の 講 義 と 演 習	岩井・日野・水本 共著	200頁
新 版 機 構 学 入 門	松田・曽我部・野飼 他著	178頁
機 械 力 学 の 基 礎	添田 監修 芳村・小西 共著	148頁
機 械 力 学 入 門	棚澤・坂野・田村・西本 共著	242頁
基 礎 か ら の 機 械 力 学	景山・矢口・山崎 共著	144頁
基 礎 か ら の メ カ ト ロ ニ ク ス	岩田・荒木・橘本・岡 共著	158頁
基 礎 か ら の ロ ボ ッ ト 工 学	小松・福田・前田・吉見 共著	243頁
機械システムの運動・振動入門	小 松 督 著	181頁
よくわかるコンピュータによる製図	櫻井・井原・矢田 共著	92頁
材 料 力 学 （ 改 訂 版 ）	竹 内 洋 一 郎 著	320頁
基 礎 材 料 力 学	柳沢・野田・入交・中村 他著	184頁
基 礎 材 料 力 学 演 習	柳沢・野田・入交・中村 他著	186頁
基 礎 弾 塑 性 力 学	野田・谷川・須見・辻 共著	196頁
基 礎 塑 性 力 学	野田・中村(保) 共著	182頁
基 礎 計 算 力 学	谷川・畑・中西・野田 共著	218頁
要 説 材 料 力 学	野田・谷川・辻・渡邊 他著	270頁
要 説 材 料 力 学 演 習	野田・谷川・芦田・辻 他著	224頁
基 礎 入 門 材 料 力 学	中 條 祐 一 著	156頁
新 版 機 械 材 料 の 基 礎	湯 浅 栄 二 著	126頁
基 礎 か ら の 材 料 加 工 法	横田・青山・清水・井上 他著	214頁
新版 基礎からの機械・金属材料	斎藤・小林・中川 共著	156頁
わ か る 内 燃 機 関	廣 安 博 之 著	272頁
わ か る 熱 力 学	田中・田川・氏家 共著	204頁
わ か る 蒸 気 工 学	西川 監修 田川・川口 共著	308頁
伝 熱 工 学 の 基 礎	望月・村田 共著	296頁
基 礎 か ら の 伝 熱 工 学	佐野・齊藤 共著	160頁
ゼ ロ か ら ス タ ー ト ・ 熱 力 学	石原・飽本 共著	172頁
工 業 熱 力 学 入 門	東 之 弘 著	110頁
わ か る 自 動 車 工 学	樋口・長江・小口・渡部 他著	206頁
わ か る 流 体 の 力 学	山枡・横溝・森田 共著	202頁
工 学 解 析 ノ ー ト	横溝・森田・太田 共著	214頁
わ か る 水 力 学	今市・田口・谷林・本池 共著	196頁
水 力 学 と 流 体 機 械	八田・田口・加賀 共著	208頁
流 体 力 学 の 基 礎	八田・鳥居・田口 共著	200頁
基 礎 か ら の 流 体 工 学	築地・山根・白濱 共著	148頁
基 礎 か ら の 流 れ 学	江 尻 英 治 著	184頁
わ か る ア ナ ロ グ 電 子 回 路	江間・和田・深井・金谷 共著	252頁
わかるディジタル電子回路	秋谷・平間・都築・長田 他著	200頁
電 子 回 路 の 講 義 と 演 習	杉本・島・谷本 共著	250頁
要 点 学 習 電 子 回 路	太田・加藤 共著	124頁
わ か る 電 子 物 性	中澤・江良・野村・矢萩 共著	180頁

日新出版の教科書・参考書

基礎からの半導体工学	清水・星・池田 共著	128頁
基礎からの半導体デバイス	和保・澤田・佐々木・北川 他著	180頁
電子デバイス入門	室・脇田・阿武 共著	140頁
わかる電子計測	中根・渡辺・葛谷・山崎 共著	224頁
要点学習通信工学	太田・小堀 共著	134頁
新版わかる電気回路演習	百目鬼・岩尾・瀬戸・江原 共著	200頁
わかる電気回路基礎演習	光井・伊藤・海老原 共著	202頁
電気回路の講義と演習	岩崎・齋藤・八田・入倉 共著	196頁
英語で学ぶ電気回路	永吉・水谷・岡崎・日高 共著	226頁
わかる音響学	中村・吉久・深井・谷澤 共著	152頁
音響学入門	吉久(信)・谷澤・吉久(光)共著	118頁
電磁気学の講義と演習	湯本・山口・髙橋・吉久 共著	216頁
基礎からの電磁気学	中川・中田・佐々木・鈴木 共著	126頁
電磁気学入門	中田・松本 共著	165頁
基礎からの電磁波工学	伊藤・岩崎・岡田・長谷川 共著	204頁
基礎からの高電圧工学	花岡・石田 共著	216頁
わかる情報理論	島田・木内・大松 共著	190頁
わかる画像工学	赤塚・稲村 編著	226頁
基礎からのコンピュータグラフィックス	向井信彦 著	191頁
生活環境 データの統計的解析入門	藤井・清澄・篠原・古本 共著	146頁
統計ソフトRによる データ活用入門	村上・日野・山本・石田 共著	205頁
統計ソフトRによる 多次元データ処理入門	村上・日野・山本・石田 共著	265頁
Processingによるプログラミング入門	藤井・村上 共著	245頁
新版論理設計入門	相原・高松・林田・髙橋 共著	146頁
知能情報工学入門	前田陽一郎 著	250頁
ロボット・意識・心	武野純一 著	158頁
熱応力	竹内著・野田増補	456頁
力学・波動	浅田・星野・中島・藤間 他著	236頁
技術系物理基礎	岩井編著 巨海・森本 他著	321頁
初等熱力学・統計力学	竹内・三嶋・稲部 共著	124頁
基礎物性物理工学	石黒・竹内・冨田 共著	202頁
環境の化学	安藤・古田・瀬戸・秋山 共著	180頁
増補改訂 現代の化学	渡辺・松本・上原・寺嶋 共著	210頁
構造力学の基礎	竹間・樫山 共著	312頁
技術系数学基礎	岩井善太 著	294頁
基礎から応用までのラプラス変換・フーリエ解析	森本・村上 共著	145頁
フーリエ解析学初等講義	野原・古田 共著	162頁
Mathematicaと微分方程式	野原勉 著	198頁
理系のための数学リテラシー	野原・矢作 共著	168頁
微分方程式通論	矢野健太郎 著	408頁
わかる代数学	秋山著・春日屋改訂	342頁
わかる三角法	秋山著・春日屋改訂	268頁
わかる幾何学	秋山著・春日屋改訂	388頁
わかる立体幾何	秋山著・春日屋改訂	294頁
解析幾何早わかり	秋山著・春日屋改訂	278頁
微分積分早わかり	秋山著・春日屋改訂	208頁
微分方程式早わかり	春日屋伸昌 著	136頁
わかる微分学	秋山著・春日屋改訂	410頁
わかる積分学	秋山著・春日屋改訂	310頁
わかる常微分方程式	春日屋伸昌 著	356頁